So verstehen Sie
Ihren Hund

DR. DAVID SANDS

So verstehen Sie Ihren Hund

Verhalten
Entwicklung
Gesundheit

ins Deutsche übertragen von Marlies Ferber

ISBN 978-3-8094-2501-4

© der deutschen Erstausgabe 2009 by Bassermann Verlag,
einem Unternehmen der Verlagsgruppe Random House GmbH,
81673 München
© der englischen Originalausgabe: Copyright © Octopus Publishing
Group Ltd 2008
Originaltitel: Know your dog
Die Originalausgabe ist erstmals 2008 bei Hamlyn, einem Verlag der
Octopus Publishing Group Ltd, 2–4 Heron Quays, London E14 4JP,
erschienen.
Die Verwertung der Texte und Bilder, auch auszugsweise, ist ohne
Zustimmung des Verlags urheberrechtswidrig und strafbar. Dies gilt
auch für Vervielfältigungen, Übersetzungen, Mikroverfilmung und
für die Verarbeitung mit elektronischen Systemen.

Umschlaggestaltung: Atelier Versen, Bad Aibling
Fotos: siehe Bildnachweis Seite 160
Gestaltung: Geoff Borin
Übersetzung: Marlies Ferber, Hagen
Redaktion: Herta Winkler
Bildredaktion: Giulia Hetherington
Herstellung: Sonja Storz

Die Ratschläge und Informationen in diesem Buch sind von Autorin
und Verlag sorgfältig erwogen und geprüft, dennoch kann eine
Garantie nicht übernommen werden. Eine Haftung der Autorin
bzw. des Verlags und seiner Beauftragten für Personen-, Sach- und
Vermögensschäden ist ausgeschlossen.

Satz: Filmsatz Schröter, München

Printed and bound in China

817 2635 4453 6271

Anmerkung
Die Ratschläge in diesem Buch sind allgemeine Informationen
und ersetzen im Einzelfall nicht die Konsultation eines Tierarztes
oder Tierverhaltenstrainers.

Inhalt

Einleitung

Mensch und Hund, eine Unterart des Wolfs, haben über Tausende von Jahren eine lange Reise miteinander unternommen, die zu einer besonderen Symbiose geführt hat. Mensch und Hund sind einander von gegenseitigem Nutzen, was Geselligkeit, Schutz und Nahrung betrifft, aber, und das ist vielleicht das Allerwichtigste, Hunde aller Formen und Größen bieten uns darüber hinaus eine therapeutische Beziehung. Hunde können uns über schwierige Zeiten hinweghelfen und sind andererseits in guten Zeiten vollauf damit zufrieden, unsere Freude zu teilen.

Hunde dabei zu beobachten, wie sie ihre verschiedenen instinktiven Fähigkeiten zeigen, war im Bewusstsein, dass diese Verhaltensweisen sich über Millionen von Jahren fein ausgebildet haben, immer wieder eine Quelle der Faszination für mich, und ich kann verstehen, warum einige Anthropologen glauben, dass die Entwicklung des Menschen schneller voranging, nachdem er mit den ersten gezähmten Wölfen gemeinsam auf die Jagd ging. Diese Faszination, verbunden mit meiner täglichen Arbeit, die mit Problemen bei Hunden und anderen Haustieren zu tun hat, spornte mich an, das Verhalten der Hunde immer besser verstehen zu wollen. Sowohl die verhaltensgestörten als auch die verlässlichen Hundepersönlichkeiten, denen ich begegnet bin, haben mich nachhaltig beeindruckt. Ich werde häufig gefragt, welche von den erstaunlich vielfältigen Rassen, die es gibt, für einen Hundehalter ideal sei. Vor Jahren hätte ich ohne zu zögern frohgemut den Boxer dazu erklärt, weil wir in unserer Familie einige großartige, charaktervolle Boxer gehalten haben, die sich als absolut verlässlich im Umgang mit kleinen Kindern

erwiesen. Doch ich versuchte den schrecklichen Verlust eines ein Jahr alten Boxers, der an einem erblichen Herzfehler gestorben war, zu überwinden und ersetzte ihn durch ein erwachsenes, stark gebautes Tier. Dieser Hund legte ein Verhalten an den Tag, das mir damals für einen Hund fremdartig vorkam, wobei ich inzwischen erkannt habe, dass es durch den Bruch in seiner engen Beziehung zum Vorbesitzer ausgelöst wurde. Heute finde ich jede Rasse reizvoll. Hunde sind genau wie Menschen, es gibt das Potenzial für Gut und Böse in jedem Individuum.

Es war eine wirkliche Freude wie auch eine Herausforderung, ein Buch über Hunde zu schreiben, das sich einzig auf das Verhalten von Hunden konzentriert. Ich scheue mich nicht zuzugeben, dass ich der erste bin, unangemessene Vermenschlichung zu diagnostizieren, wenn ich auf Besitzer treffe, die ihre Hunde wie ihre eigenen Kinder behandeln. Doch paradoxerweise kann auch ich sehr viele Parallelen zwischen Menschen und Hunden sehen. Wir reagieren auf ähnliche Weise auf Stress, und sowohl Hunde als auch Menschen sprechen immer am besten auf Freundlichkeit und Verständnis an.

Ich lade alle Hundebesitzer, dazu ein, dieses Buch mit offenen Sinnen, aber doch in dem Bewusstsein zu lesen, dass sie selbst die wahren Experten bleiben, was ihre eigenen Hunde angeht. Wir betrachten hier sowohl grundlegende angeborene als auch erlernte Verhaltensweisen von Hunden, wobei es mein Bestreben ist, das Wie und Warum zu erklären und aufzuzeigen, warum unsere Beziehung zu Hunden einzigartig im Tierreich ist. Wenn unser Wissen über den besten Freund des Menschen durch diese Untersuchung bereichert werden kann, ist mein Ziel erreicht.

Rechts: Hunde spiegeln grundlegende Rassemerkmale sowohl in ihrer Persönlichkeit als auch in ihren Fähigkeiten, und viele Jagdhunderassen haben einen Apportierinstinkt, sei es bei einem Wildvogel oder einem Ball.

Den Hund verstehen

Verhaltenserbe

Um das Verhalten des Haushundes zu verstehen, ist es wichtig zu wissen, dass die Familie der Hunde alle Arten von Füchsen, Wölfen, Kojoten, Rothunden, Waschbären, Schakalen und Dingos neben den domestizierten Hunden umfasst. DNA-Forschungen zufolge sind Hunde, vom bärengroßen Neufundländer bis zum winzigen Chihuahua, eine Unterart des Wolfs.

Oben: *Das Apportieren von Wildvögeln ist ein Merkmal, das bei Jagdhunden wie dem Spaniel selektiv gezüchtet wurde.*

Das Erbe des Wolfs

Der japanische, chinesische, osteuropäische und indische Wolf besitzen jeder in ihrer eigenen Evolutionsgeschichte den Genpool, der zu allen modernen Hundearten und deren jeweiligen Verhaltensmustern führte. Wegen ihrer engen genetischen Beziehung können domestizierte Hunde mit Wölfen, Kojoten und Schakalen gekreuzt werden und fruchtbare Nachkommen zeugen. Diese Wechselbeziehung und der gemeinsame Genpool bedeuten, dass Hunde einen einzigartigen genetischen Aufbau besitzen, der körperliche Veränderungen durch Züchtung zulässt. Alle Rassen können getrennt voneinander über wenige Generationen gezüchtet werden, um größere oder kleinere Hunde zu erhalten. Diese Anpassungsfähigkeit wird besonders gut beim Pudel illustriert, bei dem das Größenspektrum vom Königspudel über den Klein- und Zwergpudel bis hin zum Toypudel reicht.

Die ältesten bekannten Rassen

Eine der ersten domestizierten Hunderassen ist der Dingo Australiens, der seit mindestens 8000 Jahren existiert. Der Alaskan Malamute geht zurück auf 3000 v. Chr. und teilt sich das Genprofil mit den ältesten Rassen wie der Deutschen Dogge und dem Mastiff, die als Jagd- oder Schutzhunde gezüchtet wurden. Man weiß, dass der Mastiff, der auf die Zeit von 2000 bis 1000 v. Chr. zurückgeht, schon in der römischen Armee Verwendung fand. Die japanischen Jagdhunde Shiba Inu und Ainu gibt es ähnlich lang, aber der Kanaan-Hund aus Israel, 2000 v. Chr., und der Cardigan Welsh Corgi, 1200 v. Chr., gelten als die ältesten Hütehunde. Der kleine Malteser, 500 v. Chr., gilt als ältester Schoßhund.

Die ältesten Rassen weisen noch immer die charakteristischsten Verhaltensmerkmale auf, die das Rückgrat der heute bekannten zehn Haupttypen von Hunden bilden (siehe unten). Es sind diese bemerkenswerten Hunde, die mit Armeen, Entdeckern und Einwanderern weit gereist sind, und mehrere tausend Jahre selektive Zucht, die zur unglaublichen Vielfalt heutiger Hunderassen führten.

Rassegruppen

Gegenwärtige DNA-Forschung weist auf zehn natürliche Hundegruppen, und jede scheint ein grundlegendes instinktives Verhalten zu besitzen. Diese Gruppen sind:

Hüte- und Schutzhunde Hierzu gehören alle Rassen, die ein exzellentes Verhalten im Umkreisen, Pirschen und Kontrollieren zeigen, vergleichbar mit Wölfen, wenn sie jagen. Ausbildung durch den Menschen verhindert ein Durchbrechen des natürlichen Raubtierverhaltens (Töten der Beute).

Vorsteh- und Apportierhunde Rassen, deren herausragende Fähigkeiten im Auffinden, Entdecken und Anzeigen von Wild liegen, damit der Mensch es erlegen kann.

Spürhunde Rassen, die versiert darin sind, Wild aufzuspüren und ihren Fund durch Lautäußerung melden.

Sichthunde (Windhunde) Rassen, die der Beute auf Sicht nachjagen und dann die Beute töten.

Schutzhunde vom Typ Mastiff und Deutsche Dogge Rassen, die von Natur aus stark und kraftvoll sind und ein Verhalten zeigen, das sie zu idealen Wächtern und Kämpfern macht.

Bulldoggen Muskulöse Rassen mit starken Knochen. Sie können eine Kraft und Zähigkeit an den Tag legen, die ihre verhältnismäßig geringe Größe Lügen strafen.

Huskys bzw. Schlittenhunde Ausdauernde, starke Rassen mit kräftiger Brust, die instinktives Rudelverhalten an den Tag legen.

Kleine Terrier und Dachshunde bzw. Schädlingsbekämpfungshunde Kleine bis mittelgroße Rassen, die schnell und zäh sind und besonders geeignet zur Schädlingsbekämpfung.

Begleit- und Schoßhunde Alle Repräsentanten dieser Rassegruppen haben kleinere Ausgaben hervorgebracht, die als enge Gefährten des Menschen und sogar als modische Accessoires beliebt wurden. Sie zeigen Merkmale von Abhängigkeit, die sie besonders attraktiv für ihre Besitzer machen.

Unabhängige Jagdhunde Rassen inklusive dem afrikanischen Basenji und dem australischen Dingo, die keine Pflege, Interaktion oder Anleitung von Menschen brauchen, doch Seite an Seite mit ihnen jagen.

KONTINENTALER EINFLUSS

Sowohl das heutige Wissen als auch weiterführende Forschungen über die Ursprünge unserer heutigen Hunderassen legen nahe, dass die älteren oder primitiveren Typen aus den kälteren nördlichen Regionen eher das Aussehen eines Huskys mit dickerem Fell haben und gewöhnlich sozialverträglicher sind und starke physische Merkmale haben, die sie für das Ziehen von Schlitten geeignet macht. Im Gegensatz dazu sind die Rassen aus den südlicheren Klimaten eher kleinere, feinhaarige Buschhundtypen.

Unten: Beagle-Meuten werden seit Jahrhunderte für die Jagd eingesetzt. Sie repräsentieren eine der bekanntesten Spürhunderassen. Ihr lautes, tiefes Bellen kündigt einen Fund an.

Oben: Massige, großknochige Rassen wie dieser Bernhardiner stehen auf der Größenskala der Hunde ganz oben.

Anatomie

Ein Hund ist von Natur aus dazu geschaffen, blitzartig seiner Beute nachzujagen, und dank seiner Muskelkraft kann er die Beute anfallen und reißen. Während der Knochenaufbau bei allen Rassen gleich ist, gibt es eine große Bandbreite, was die Dicke und Länge der Knochen und Muskeln angeht, denn Hunde wurden auf verschiedene Aufgaben hin gezüchtet. Die Größe kann also ein Schlüssel zum Verhalten sein.

Schädel, Kiefer und Zähne

Es gibt drei verschiedene Ausprägungen von Hundeschädeln:

1 Langnasige oder langschädelige Rassen, eingeschlossen geruchs- und sichtorientierte Jagdhunde und Collies.

2 Kurznasige oder kurzschädelige Rassen wie Boxer und Bulldogge, die zum Viehhüten eingesetzt wurden.

3 Rassen mit mittellangem Schädel mit Rassen, die irgendwo dazwischen liegen.

Alle Rassen besitzen verlängerte Kiefer mit Zahnreihen, die zu verschiedenen Zeiten in ihrer körperlichen Entwicklung erscheinen. Sie haben sich entwickelt, um sowohl die Beute zerreißen als auch kauen zu können. Die beiden Reihen von Backenzähnen und vorgelagerten Backenzähnen hinten im Maul machen das Kauen von zähem Beutefleisch und Knochen möglich. Die beiden vorderen Anlagen von Eck- und Schneidezähnen – bleibend beim erwachsenen Hund – sind Reißzähne.

Speichel und Schweiß

Speichel erfüllt eine Reihe von wichtigen Aufgaben. Ein weit geöffnetes Maul ermöglicht dem Hund verbesserte Atmung, wenn er überhitzt ist, und der Speichelfluss hilft nicht nur, seine Zunge zu reinigen, sondern erleichtert als Gleitmittel auch das Schlucken von Futter. Speichel enthält auch Verdauungsenzyme, die auf der Reise des Futters in den Magen für das Zersetzen nötig sind. Wenn die Körpertemperatur eines Hundes steigt und er seine lange Zunge aus dem Maul streckt und hechelt, setzt er sein Atmungssystem der umgebenden kühleren Luft aus, wobei die Verdunstung von Speichel dabei hilft, Hitze abzuleiten.

Hunde haben den charakteristischen Hundegeruch, weil sie am Körper verteilte Schweißdrüsen besitzen, die die Haut-

DIE KLEINEN UND DIE GROSSEN

Eine kürzlich durchgeführte größere Studie hat aufgedeckt, dass es eine Variante in einer bestimmten regulativen Sequenz in einem Wachstumsgen (einem Teil des hündischen Chromosomensatzes) gibt. Alle kleinen Rassen, heißt es, besitzen diese Variante. Im Gegensatz dazu sind alle großen, alten Jagdhunderassen, eingeschlossen die Deutsche Dogge und der Rodesian Ridgeback, großknochig und langbeinig und haben starke Muskeln, um ihr gewaltiges Knochengerüst zu tragen.

atmung ermöglichen. Sie sind als apokrine Drüsen bekannt und dienen nicht so sehr der Hitzeregulierung, sondern helfen bei der Abgabe von Körperfeuchtigkeit und enthalten Schweiß zersetzende Bakterien.

Sie befinden sich auch zwischen den Zehen, um die Pfoten vor dem Austrocknen zu bewahren. Diese Drüsen sind besonders wichtig bei extremer Hitze, wenn trockene Ballen die Pfoten wund und anfällig für Risse und Infektionen machen würden.

Fell und Haut

Die Fellbeschaffenheit kann bei Hunden stark variieren: rau und drahtig wie beim Airedale Terrier; weich und fein wie beim Dobermann Pinscher; wasserdicht wie beim Golden Retriever oder haarlos wie bei mexikanischen und peruanischen Hunden. Feinhaarige Hunde verlieren im Sommer Haare, mit Beginn der kälteren Jahreszeit wird das Fell länger. Hunde mit drahtigem Fell verlieren wenig Haare und müssen deshalb gelegentlich getrimmt werden.

Die Lederhaut des Hundes ist genau wie die des Menschen, aber die Epidermis ist viel dünner, weil sein Fell dem Hund ausreichenden zusätzlichen Schutz bietet. Die äußere Hautschicht enthält zahlreiche Talgdrüsen, die natürliches Öl absondern, das einerseits der Imprägnierung dient und andererseits das Fell vor dem Austrocknen bewahrt. Das Sebum (Talg) in der Haut hilft, den Hund vor extremen Temperaturwechseln abzuschirmen.

Tief im Hundefell gibt es Haarfollikel, die Keratin herstellen, wichtig für die Produktion von Zehennägeln sowie für die Haut an Ballen und Nase. Unterschiedliche Haarfollikel sorgen für die Ausprägung eines weichen Unterfells am ganzen Körper. Andere bilden einzelne Schutzhaare, die das raue äußere Fell ergeben. Wenn ein Hund Aggressionen zeigt, erscheint das Nackenfell dicker, da Follikelmuskeln es aufstellen.

Unten: Die Terrier-Rassen haben ein raues Fell, verlieren wenig Haare und müssen gelegentlich getrimmt werden.

Die Sinne

Ihr Hund wird immer all seine Sinne benutzen, doch einige sind schärfer und feiner abgestimmt als andere: Während er eine viel größere Bandbreite von Gerüchen und Geräuschen sofort viel besser einordnen kann als Sie, kann er viel weniger sehen und verstehen.

Augen

Gehör und Geruchssinn Ihres Hundes sind besser als seine Augen und ermöglichen ihm, Beute aufzuspüren. Dies entwickelte sich aus dem Jagen seiner Vorfahren von der Abenddämmerung bis zum Morgengrauen. Hunde haben drei Augenlider: ein unteres und ein oberes, aber zusätzlich ein drittes Augenlid bzw. eine Membran. Diese hält das Auge feucht und säubert die Oberfläche. Unter der Oberfläche gibt es verborgene Zellstrukturen, die sich entwickelt haben, um die geringste Bewegung der Beute zu entdecken. Für Hunde war die Fähigkeit, etwas zu entdecken, was sich bewegt, wertvoller als die Fähigkeit, ein detailliertes Bild zu sehen. Hunde sehen schwarzweiß und vielleicht zusätzlich verwässerte Farben.

Die Augen des Hundes werden in der Körpersprache zweitrangig eingesetzt. Wenn ein Hund einen anderen Hund oder sogar einen Menschen anstarrt und versucht, Augenkontakt zu erzwingen, deutet dies gewöhnlich auf eine Konfrontation hin. In der Natur vermeidet ein Hund, der in der Rudelhierarchie niedriger steht, immer den direkten Augenkontakt mit Höherstehenden. Er zeigt eine Übersprungshandlung zeigen, wie sich selbst zu lecken, und sieht weg, um sein Desinteresse an einer potenziellen Konfrontation zu signalisieren. Damit werden unnötige Aggressionen vermieden, denn wenn einzelne Mitglieder bei Rangordnungskämpfen verletzt würden, wäre das Rudel als Ganzes geschwächt.

Nase

Die Nase des Hundes nimmt eine große Bedeutung unter den Sinnen ein und ist sehr wichtig beim Entdecken und Verfolgen von Beute. Rüden können erschnüffeln, wann eine Hündin paarungsbereit ist, nicht nur, wenn sie am Körper, sondern auch wenn sie an Urinspuren riechen. Rüden können riechen, ob andere Rüden ihr Territorium markiert haben, und deren Kot- und Urinspuren dann übermarkieren. Ihr Hund kann Futter mit seiner Nase beinahe »schmecken«, noch bevor er den ersten Bissen im Maul hat.

Oben: Mit seinen aufgestellten Ohren und dem leicht geneigten Kopf achtet dieser Deutsche Schäferhund auf alle neuen und ungewöhnlichen Geräusche.

Links: Dieser aufmerksame Hund kann rasch alle Eindrücke aufnehmen.

Ohren

Während es sehr viele unterschiedliche Ohrformen gibt, teilen alle Hunde die Fähigkeit, eine große Bandbreite von Geräuschen sowie höhere Frequenzen als Menschen wahrzunehmen. Er kann die Ohren in die Richtung bewegen, aus der Geräusche kommen. Wenn er sich ausruht, ruhen auch seine Ohren und sind heruntergeklappt. Geängstigt oder wachsam, werden die Ohren sich schnell in Richtung des Geräuschs aufrichten, um ihm dabei zu helfen, Konflikt oder Verletzung zu vermeiden. Durch eine Veränderung seiner Ohrstellung kann Ihr Hund auch anderen Hunden zeigen, was er vorhat.

Geschmackssinn

Hunde besitzen nicht die gleiche Anzahl von Geschmacksknospen wie wir Menschen; man schätzt, dass wir etwa 16 Mal geschmacksempfindlicher sind als sie. Dieser Unterschied rührt am wahrscheinlichsten daher, dass eine Hundezunge anderen, lebenswichtigeren Zwecken dient, vor allem der Ableitung von Hitze durch erhöhte Speichelabsonderung (siehe Seite 12).

Geschmacksknospen helfen uns, Unterschiede von süß, sauer, bitter und salzig in der Nahrung auszumachen, aber dies ist für ein Raubtier weit weniger wichtig. Schauen Sie sich die Zunge Ihres Hundes an – sie ist wie ein Werkzeug, mit dem er die Nahrung direkt in sein Maul mit den kraftvollen Zähnen ziehen kann.

Unten: Im Freien wird ein Hund eine große Anzahl von Gerüchen entdecken und einordnen, was ihn dazu befähigt, seine Beute, wenn nötig, über große Entfernungen zu verfolgen.

Der denkende Hund

Ihr Hund mag intelligent erscheinen und er ist es wohl auch, wenn es darum geht, seinen Kopf durchzusetzen. Wegen seinem kleinen Hirn kann er keine komplexen Entscheidungen treffen oder verstehen, wie unsere soziale Welt funktioniert. Doch Dank seines hervorragenden Gedächtnisses und seiner spezifischen sozialen Fähigkeiten kann er Beziehungen aufbauen.

Erinnerungsfähigkeit

Das Gehirn Ihres Hundes ist, genau wie unseres, hauptsächlich auf Angriff oder Flucht programmiert, was in Notsituationen hilft (siehe Seite 24–25), aber es ist das grundlegende Erinnerungsvermögen bzw. es sind seine kognitiven Fähigkeiten, auf denen sein Handeln und die Interaktion mit seinem Menschenrudel gründen. Das bedeutet, sein Verhalten ist hauptsächlich darauf ausgerichtet, die Mitglieder seiner eigenen sozialen Gruppe wiederzuerkennen und mit ihnen zusammenzuleben. In Ihrem zu Hause erkennen Sie sein Erinnerungsvermögen daran, dass er genau weiß, in welcher Beziehung er zu jedem einzelnen Familienmitglied steht, was jeder von ihm erwartet und wie er sich zu ihm verhält. Sein Erinnerungsspeicher wird ebenfalls für die Identifizierung von Gerüchen, Spuren oder Markierungen anderer Hunde sowie für alle anderen Erfahrungen in seinem täglichen Leben benötigt. Die wichtigsten Fragen in seinem Kopf beim Zusammentreffen mit anderen sind höchstwahrscheinlich: »Sind das Mitglieder meiner sozialen Gruppe oder Außenstehende?«, »Stellen sie eine Bedrohung dar oder nicht?«

Andere Hunde abchecken

Wenn seine Fragen zufriedenstellend beantwortet wurden, kann der Hund ohne großes Risiko zu einer näheren Untersuchung übergehen. Wenn ein anderer Hund in Sicht kommt, will Ihr Hund Informationen sammeln, die er aus dem Genital- und Afterbereich des anderen erhalten kann. Sein hochentwickelter Geruchssinn ermöglicht ihm, Aufschluss über Geschlecht, Fruchtbarkeitszyklus und möglicherweise Sozialstatus zu erhalten.

Doch zuerst muss er Körpersprache und Lautäußerungen des anderen Hundes einordnen. Ein Knurren sagt ihm, auf Distanz zu bleiben. Wenn die Ohren des anderen Hundes entspannt sind und der Schwanz hin- und herwedelt (dies ist ein wechselseitiges Signal beider Hunde), kann eine weitere Annäherung für ein kleines soziales Beschnüffeln gefahrlos erfolgen. Die Hunde werden dann erfreut ihre Hinterteile näher untersuchen. Doch wenn der andere Hund starr steht, mit aufgestellten Ohren und gestrecktem Schwanz, besteht die Gefahr einer Konfrontation.

Begegnungen mit Zweibeinern

Wenn es sich um eine Person handelt, die herannaht und überprüft werden muss, wird Ihr Hund vielleicht auf eine Einladung durch Gesten oder Lautäußerungen warten. Menschen, die Hunde mögen, klopfen sich auf die Knie, um den Hund zum Näherkommen zu ermuntern, oder bieten dem Hund eine Hand zum Beschnüffeln. Wenn die Person beginnt, sich mit Ihnen zu unterhalten, nutzt Ihr Hund diese Pause, um sie zu beschnüffeln. Sie mögen es vielleicht vorziehen, Ihren Hund für ein Genie zu halten, doch es ist wahrscheinlicher, dass sein instinktives Sozialverhalten ihm einen Vorsprung gibt.

Oben: Tiere haben eine instinktive Fähigkeit, durch ähnliche Körpersprache eine Beziehung zueinander aufzubauen.

Rechts: Wenn Hunde sich begrüßen, bringen sie durch gegenseitiges Beschnüffeln schnell wichtige Details in Erfahrung.

WAS DENKT MEIN HUND, WENN ER DER UMWELT BEGEGNET?

Wenn ein Hund bei einem Spaziergang eine neue Umgebung erforscht und anderen Tieren oder Menschen begegnet, nutzt sein Gehirn alle Sinne, um Orientierungspunkte, Gerüche und wild lebende Tiere zu erfassen. Das alles kann er wieder abrufen, sollte er einmal an diesen Ort zurückkehren.

Geselligkeitstrieb

Haben Sie sich je gefragt, warum sich Ihr Hund so leicht in Ihre Familie einfügt? Die einfache Antwort ist, dass er den idealen Instinkt besitzt, Teil einer sozialen Gruppe sein zu wollen. In der Natur, wenn Hunde oder Wölfe sich zu Rudeln zusammenschließen, kooperieren sie, und dieser Verhaltensaspekt ist äußert überlebenswichtig bei der gemeinschaftlichen Jagd.

Evolutionsgeschichtlicher Hintergrund

Betrachtet man die Entwicklungsgeschichte der Kaniden, so lebten beinahe alle in Gruppen zusammen und jagten gemeinschaftlich. Das bedeutet, dass Hunde und Wölfe nicht nur kleinerer Beute nachstellen konnten, sondern auch viel größeren Tieren. Durch die Zusammenarbeit in einer sozialen Gruppe gibt es mehr Futter und man findet leichter einen geeigneten Partner zur Fortpflanzung.

Rudelgefüge

Die meisten Gruppen von wilden Hunden oder Wölfen haben ein klares Rudelgefüge. Die Rudelführer, bekannt als Alpha-Männchen oder -Weibchen, sind die stärksten Mitglieder, und potenzielle Anführer erreichen ihre Position in der Sozialhierarchie oft schon früh. Die ersten Anzeichen dafür gibt es zu Beginn der sexuellen Reife. Die erste körperliche Herausforderung besteht vielleicht im Kampf um Beutereste, und nach einem kräftigen Gezerre wird der Stärkere den Preis gewinnen. Das kleine Gerangel trägt zur Festlegung bei, wer ein Beta-Tier oder sogar ein Omega-Tier ist, das ganz unten in der Rudelhierarchie steht. In Abwesenheit eines männlichen Anführers wird das weibliche Alpha-Tier die Rolle des Rudelführers übernehmen.

Sprache der Leittiere

In freier Wildbahn demonstriert das Leittier seinen Führungs-anspruch durch subtile und weniger subtile Umgangsformen: es frisst als erstes, nimmt ein höher gelegenes Terrain ein, übernimmt bei der Jagd und Futtersuche die Führung. Andere Hinweise auf das männliche Leittier sind die beste Schlaf-position in der Nähe des Höhleneingangs und dass die Alpha-Hündin ihn zum Geschlechtspartner wählt. Hoher oder nied-riger Status zeigt sich auch in den Wechselbeziehungen. Rudelmitglieder niedrigen Ranges zeigen vielleicht unterwür-figes Verhalten dem Rudelführer gegenüber, indem sie sich auf den Rücken rollen, den Bauch offenbaren und gelegent-lich in einer Art ängstlicher Unterwerfung urinieren. Jüngere Rudelmitglieder ducken sich vielleicht vor einem hochstehen-den Tier und belecken das Maul oder den Nacken eines erfolgreichen Jägers. Die meisten rangniedrigeren Rudelmit-glieder werden sich schütteln, kratzen oder lecken und lieber wegschauen, als direkten Augenkontakt mit einem Alpha-Tier aufzunehmen. Nach dem Erlegen einer Beute werden sie sich schnell zurückziehen, wenn der Rudelführer sie anknurrt oder grimmig anstarrt. Diese Rudelmitglieder wollen keine Konfron-tation und keine Verletzung riskieren, es sei denn, es bleibt ihnen nicht viel anderes übrig, zum Beispiel wenn sie als Außenseiter des Rudels ausgeschlossen oder getötet werden sollen.

Das Familienrudel

Ihr Hund kennt wahrscheinlich seinen Platz in Ihrer Familie – dem Äquivalent zu seinem Hunderudel. Für die meisten Hunde gilt, dass Sie der Rudelführer sind und er eine sub-dominante Rolle einnimmt. Sie essen und entscheiden dann, auch ihn zu füttern. Sie haben bei der Jagd und Futtersuche das Sagen, denn Sie sind es, der entscheidet, wann Sie mit ihm Spazieren gehen und wohin. Sie haben normalerweise das bequemste Bett im Haus, es sei denn, er darf es mit Ihnen teilen. Dankenswerterweise ist Ihr Hund in der Lage, all diese Zeichen Ihrer natürlichen Führerschaft zu deuten. Die meis-ten Hunde akzeptieren bereitwillig ihre untergeordnete Rolle und sind sehr glücklich damit. Sie wollen nur selten Verant-wortung übernehmen, akzeptieren zumeist die Vorteile der Unterwürfigkeit und begrüßen die mit dem Wissen um ihren Platz in der Familienhierarchie verbundene Beständigkeit und Sicherheit.

Oben links: Durch das Leben in fest-gelegten Rudeln mit starken Anführern können Wölfe effizienter jagen als Einzeltiere.

Rechts: Hunde, die Befehlen gehorchen, akzeptieren ganz natürlich, dass ihre Besitzer die Rudelführer sind.

SIND SIE DER RUDELFÜHRER?

Werfen Sie einen ehrlichen Blick auf das Verhalten Ihres Hundes Ihnen gegenüber und fragen Sie sich, ob er Sie oder sich selbst als Rudelführer betrachtet. Gehorcht er Ihren Befehlen, folgt er? Zeigt Ihr Hund unterwürfiges Ver-halten oder fordert er Sie heraus?

Ein Hund, der Sie testen will, wird vielleicht in Ihrem Sessel sitzen wollen, oder er knurrt Sie an, wenn er Futter hat, oder er will auf Ihrem Bett schlafen. An der Leine schleift er Sie vielleicht bei den Spaziergängen hinter sich her. Wenn ein Hund solche Verhaltensweisen an den Tag legt, erkennt er seinen Besitzer nicht als Rudelführer an. Folglich muss er seine niedrigere Position lernen, in-dem ihm im täglichen Familienleben, genau wie einem ungezogenen Kind, feste Strukturen angeboten und klare Grenzen gesetzt werden.

Oben: *Viele Arbeitshunderassen entwickeln nach der Entwöhnung von der Mutter eine starke Bindung an ihre Besitzer und werden zu treuen und anhänglichen Persönlichkeiten.*

Persönlichkeit

Ihr Hund hat zweifellos eine einmalige Persönlichkeit, aber haben Sie sich je gefragt, was den Charakter Ihres Hundes beeinflusst? Um ganz bestimmte Verhaltensweisen im täglichen Leben zu verstehen ist es wichtig zu überlegen, wie seine Rasse und sein Alter ihn beeinflussen und die Auswirkungen von Veranlagung, Erziehung und Pflege zu kennen.

Persönlichkeitstyp

Wie würden Sie die Gesamtpersönlichkeit Ihres Hundes beschreiben? Ist er:

- ein wenig introvertiert; ruhig und empfindlich?
- Sanft und anhänglich?
- Stolz und würdevoll?
- Selbstbewusst, wachsam, distanziert oder hochmütig?
- Extrovertiert und enthusiastisch; sehr energiegeladen?
- Angriffslustig, hartnäckig und ein wenig frech?

Vielleicht fällt er in keine dieser Kategorien? Wie wird die Persönlichkeit eines Hundes geformt? Was macht ihn zu dem Hund, den Sie so gut kennen und so sehr lieben? Die grundlegenden Faktoren werden unten und auf Seite 22–23 erklärt.

Lebensphasen

Die Persönlichkeit Ihres Hundes wird sich, genau wie Ihre, mit der Zeit ändern. Hunde wie Menschen kommen als Persönlichkeiten auf die Welt, aber sie werden durch Erfahrung geformt. In seiner Jugend ist Ihr Hund frisch und sprudelt vor Enthusiasmus und Vitalität über. Im Erwachsenenalter zeigt er die ganze Stärke seines Temperaments und seiner Ausdauer. Wenn er in die mittleren und vorgerückten Jahre kommt, spiegelt die Persönlichkeit Ihres Hundes bis zu einem gewissen Grad das Leben wider, das er erfahren hat. Er wird, hoffentlich, weiser sein und er wird das Leben langsamer angehen.

Frühe positive Einflüsse

Forschungen bei Labrador-Würfen haben geholfen zu erklären, dass die frühe Welpenzeit, wenn die Welpen zwischen einer und acht Wochen alt sind, einen äußerst großen Einfluss auf die Ausformung und Entwicklung von Persönlichkeit und Verhalten hat. Welpen mit ruhigen und gesunden Mutterhündinnen, besonders jene, die während der ersten acht Wochen nach der Geburt bei der Mutter bleiben konnten, entwickelten viel wahrscheinlicher eine gesunde Persönlichkeit, und die spätere Entwicklung einer krankhaften Abhängigkeit vom Besitzer war weit weniger wahrscheinlich (siehe Seite 114–115).

Eine entspannte Mutter, die starke Mutterinstinkte besitzt, sorgt für ihre Welpen und säugt sie. Nach der ersten Woche bzw. nach der Reflexphase, in der die Welpen noch blind und taub sind, bringt sie ihnen bei, außerhalb der Wurfbox zu urinieren und Kot abzusetzen. Das ist wichtig für die spätere Sauberkeitserziehung junger Welpen. Die Hundemutter weist auch übertriebene Forderungen nach Aufmerksamkeit ab. Sie weist auch ein ständiges Saugbedürfnis der Jungen ab, denn dieses Verhalten wäre, wenn es außer Kontrolle geriete, besonders bei großen Würfen nicht gesund.

Negative Auswirkungen auf Welpen

Die Trennung der Welpen von der Mutter vor Abschluss der achten Lebenswoche und besonders vor der sechsten Lebenswoche kann bei den sich schnell entwickelnden Welpen im späteren Leben zu problematischem Verhalten führen. Welpen brauchen diese wichtige Frühphase, um soziale Interaktion mit Geschwistern zu lernen und die Kontrolle durch ihre Mutter zu akzeptieren. Es kann sich ungünstig auswirken, wenn die Mutter während dieser Sozialisierungsphase krank ist. Noch problematischer ist es, wenn Menschen die soziale Rolle des Muttertiers übernehmen und die Welpen aufziehen müssen.

Oben: Eine ruhige Mutterhündin wird glückliche und gesunde Welpen mit guten Verhaltensmerkmalen aufziehen, die gut gerüstet für das Erwachsenenalter sind.

Es ist bekannt, dass Welpen, die längere Zeit bei ihrer Mutter bleiben, besonders über die ersten acht Wochen hinaus, beginnen werden, eine gesteigerte Anhänglichkeit sowohl zu ihrer Mutter als auch zum Züchter zu entwickeln. Dies kann für die neuen Besitzer zu einer Herausforderung werden, auf die solche Welpen dann vielleicht ihre übertriebene Abhängigkeit übertragen (siehe Seite 114–115). Das richtige Alter für die Trennung eines Welpen von seiner Mutter und den Geschwistern liegt bei acht Wochen. Die Sozialisierung ist abgeschlossen, die Mutter wird übertriebene Forderungen nach Nahrung und Aufmerksamkeit sowie exzessives Fressen unter Kontrolle haben. Glücklicherweise sind Welpen anpassungsfähig, und die meisten schaffen den Übergang zum neuen zu Hause ohne größere Probleme.

Oben: Wenn Windhundrassen wie Greyhounds sich bewegende Hasen oder Kaninchen entdecken, wird sofort der natürliche Jagdinstinkt ausgelöst.

Rasse und Persönlichkeit

Die Persönlichkeit aller Hunde wird durch ihre Rasse beeinflusst, auch bei Mischlingen, die mehrere Persönlichkeiten in sich vereinen können, wovon jedoch gewöhnlich eine über die anderen dominiert. Wenn Sie einen Hund besitzen, der zu einer der Arbeitshunderassen gehört, kann das Wissen darüber besonders nützlich sein, um den Hund zu verstehen.

Kontrollierend

Wenn sie nicht damit beschäftigt werden, Schafe zu hüten, zeigen Border Collies, Belgische und Deutsche Schäferhunde, wie überhaupt alle Hunderassen, die für das Hüten und Treiben von Vieh eingesetzt werden, einen besonders ausgeprägten Instinkt zum Einkreisen, der sich häufig im Umrunden der Familienangehörigen bei Spaziergängen manifestiert. Wenn man ihnen einen Ball wirft, holen sie ihn, lassen ihn fallen, warten ab, wobei sie den Ball immer im Visier behalten, bereit für den nächsten Wurf. Für diese Hunde ist es äußerst wichtig, ihre ausgezeichnete Arbeitsmoral unter Beweis zu stellen. Zu einem Spaziergang sind sie stets bereit und können gar nicht genug Auslauf bekommen.

Hartnäckig

Terrier-Besitzern wird der Anblick vertraut sein: Der Hund hält einen Lappen oder ein Spielzeug fest im Maul und schüttelt es immer wieder heftig mit viel Knurren und Zähnefletschen. Solch ein Verhalten ist nötig, wenn einem Arbeitsterrier befohlen wird, eine unerwünschte Ratte oder Maus zu stellen und zu töten. Diese Rassen graben sich in jede Höhle und in jedes Loch, und so sieht man sie zu Hause auch oft in ähnlicher Weise, wenn sie mit dem Kopf unter dem Sofa stecken und leidenschaftlich nach einem verlorenen Quietschtier suchen.

Dinge im Maul herumtragen

Jagdhunde, eingeschlossen Labradore und andere Apportierhunde wie Spaniels, Setter und Pointer, zeigen eine Veran-

KILLERINSTINKT?

Einer der Gründe, warum Terrier gern quietschendes Hundespielzeug beuteln, besteht darin, dass sie »die Maus töten«, wenn sie das Quietschen zum Schweigen bringen. Terrier wie der Staffordshire Bullterrier und der English Bullterrier wurden früher für Kämpfe gegen Hunde, Dachse und Bullen gezüchtet wurden, was aggressives Verhalten befördert haben könnte. Gleichwohl können einzelne Hunde dieser Rassen auch eine Loyalität und ein Beschützerverhalten an den Tag legen, die sie bei ihren Besitzern sehr beliebt machen.

lagung, den Besitzer zu begrüßen und sich ihm zu nähern, indem sie ein Lieblingsspielzeug im Maul tragen, was soviel heißt wie: »Sieh, was ich für dich gefunden habe und dir bringe«, wobei sie wild mit dem Schwanz wedeln. Diese Hunde sind gewöhnlich fügsam und bereit, Weisungen zu befolgen. Sanftere Vertreter dieser Rassen haben ein natürlich weiches Maul, in dem sie jeden Gegenstand (selbst wenn es kein Wildvogel ist) mit äußerster Vorsicht tragen können. Einige eher extrovertierte Tiere neigen dazu, die Hände ihrer Besitzer ins Maul zu nehmen.

Sehen oder Riechen

Zielstrebige Spürhunde wie Bloodhound, Dackel, Beagle und Basset können ihren Besitzer zuweilen eher desinteressiert anschauen, wenn dieser ihnen zu Hause auch nur die einfachste Aufgabe abverlangt, aber bei Spaziergängen ist von dieser Gleichgültigkeit nichts mehr übrig. Oft wird die Entschlossenheit, die der Hund jetzt an den Tag legt, von den verzweifelten Rufen des Besitzers begleitet, der hilflos zusieht, wie sein Hund über ein Feld rennt und schließlich im undurchdringlichen Dickicht verschwindet. Rassen wie Greyhound, Whippet, Saluki oder Borsoi müssen nur eine potenzielle Beute

sehen und jagen sofort los. Sie hören erst wieder damit auf, wenn sie die Beute verloren oder gefangen haben.

Dickköpfigkeit

Dominanzverhalten und Dickköpfigkeit sind natürlicherweise typisch für die großen und kräftigen, entschlossenen Rassen vom Mastiff-Typ. Die Bulldoggen- und Boxer-Typen sind in ihrem Verhalten ähnlich. Wenn eine als Haushund gehaltene Bulldogge das Wetter draußen für zu feucht hält, wird sie sich einfach auf ihr kräftiges Hinterteil setzen, die Pfoten auf den Boden stemmen und sich weigern, irgendwohin zu gehen. Dieselbe Dickköpfigkeit war vor einem Jahrhundert sehr nützlich, als die Aufgabe der Arbeits-Bulldogge oder des Boxers darin bestand, unfolgsamem, schwerem Vieh in die Fersen zu beißen, bis es in die erwünschte Richtung marschierte. Diese Tiere sind ihren Besitzern ganz ungewöhnlich treu ergeben.

Unten: Der Instinkt eines Collies zum Umkreisen und zum Warten in geduckter Position liegt in seiner natürlichen Fähigkeit, Vieh zu kontrollieren.

Kämpfen, Erstarren oder Fliehen

Es ist faszinierend zu beobachten, wie der Hund instinktiv auf ungewöhnliche Umstände reagiert und auf neue Ereignisse, die seine Fähigkeiten zum Überleben auf die Probe stellen. Einer der wichtigsten Instinkte aller Wirbeltiere ist das, was als »Angriffs-oder-Fluchtreaktion« bekannt ist.

PRIMITIVE KRAFT

Die Angriffs- oder Fluchtreaktion ist mit dem Hormon Noradrenalin verknüpft, das dem Gehirn sofort signalisiert, Adrenalin auszuschütten. Diese Hormone haben einen Einfluss darauf, wie Tiere und Menschen, reagieren, wenn sie sich in gefährlichen, schmerzhaften oder ängstigenden Situationen befinden. Sie sorgen dafür, dass die Muskeln noch besser arbeiten als normalerweise, um so die Flucht zu erleichtern oder damit zur Verteidigung Kraft und Aggression verstärkt werden. Zu den zusätzlichen Effekten der Angriffs- oder Fluchtreaktion gehört die Stimulierung aller wichtigsten Sinne. Sobald Geruchs-, Hör- und Gesichtssinn in Einklang arbeiten, ist der Überlebensinstinkt angeschaltet. Wenn die Reaktion stimuliert wird, ist Ihr Hund in einem hyperalarmierten Zustand und bereit zur Aktion.

STILL STEHEN

Bei einigen Tieren, besonders bei jungen, passiven oder nicht räuberischen, kann die Angriffs- oder Fluchtreaktion eine andere Form annehmen, bekannt als Erstarren. Bei diesem Verhalten steht das Tier vollkommen still, um so zu vermeiden, die Aufmerksamkeit eines Räubers auf sich zu lenken. Das kann auch äußerst effektiv sein bei anderen Hunden und bei Katzen, deren Sehver-mögen vergleichsweise schlecht ist. Das Erstarren wird auch von räuberischen Tieren eingesetzt, um beim Auflauern selbst nicht vorzeitig von den Beutetieren entdeckt zu werden. Welpen und andere Tierjunge in freier Wildbahn erstarren, wenn sie einer Bedrohung ausgesetzt sind oder wenn ein anderes Tier als ihre Mutter sich ihnen nähert.

ÜBERERREGUNG

Einige erwachsene Hunde mit hyperaktiver Veranlagung werden vielleicht in ihrer ersten Aufregung über Besucher oder über die Rückkehr ihres Besitzers bei der Begrüßung urinieren. Auch dies könnte eine Form der Angriffs- oder Fluchtreaktion sein, da diese einen hormonellen Einfluss auf die Blase hat. Das Problem kann gelöst werden, indem man den Zugang zum Hausflur mit Hundegittern absperrt, um so den Erstkontakt bei der Begrüßung zu reduzieren, und späteres ruhigeres Begrüßungsverhalten belohnt.

DIE GELADENE FLINTE

Sobald die Angriffs- oder Fluchtreaktion ausgelöst wurde, ist Ihr Hund in seinem hyperwachsamen Zustand bereit, jede mögliche Bedrohung anzuknurren und anzubellen (siehe Seite 138–141). Bei einem Spaziergang ist die Wachsamkeit Ihres Hundes natürlich höher, und sollte er mit einem anderen Hund konfrontiert werden, wird er darauf reagieren. Es gibt zuerst ein »Abtasten« oder Riechen von Pheromonen, die, gemeinsam mit der Körpersprache und Lautäußerungen (siehe Seite 28–29), sofort Informationen über den anderen Hund liefern. In dieser Situation kann die Angriffs- oder Fluchtreaktion plötzlich ausgelöst werden. Hoffen wir also, dass beide Hunde sich freundlich beschnüffeln und mit ihren Besitzern den Weg fortsetzen.

Unten: Die meisten Hunde erleben die verstärkte Sinneswahrnehmung des Angriffs-oder-Flucht-Modus, wenn sie einen Auslauf im Freien genießen.

TURBO-AUFLADUNGS-HORMONE

Die Hormone für das Angriffs- oder Fluchtverhalten entstehen in den Adrenalindrüsen über den Nieren. Sobald sie ausgeschüttet werden, leiten diese Hormone den Blutstrom vom Verdauungssystem und den wichtigsten Organen zu den Skelettmuskeln an Gliedern und Kiefer. Wenn Ihr Hund während eines Spaziergangs erschreckt wird, bedeutet dieser Überlebensmechanismus, dass er fähig sein wird, schneller zu rennen, den ganzen Weg zurück nach Hause, wenn nötig. Wenn er mit einem aggressiven Tier konfrontiert wird, wird ihm die sofortige Angriffs- oder Fluchtreaktion helfen, sich zu verteidigen und den Kampf aufzunehmen. Gleichzeitig werden Hormone ausgeschüttet, die Stress und Schmerz blockieren (Kortikosteroide) und damit verhindern, dass er durch potenziellen Schmerz behindert wird.

Den Hund lesen

Körperhaltungen

Hunde verlassen sich auf eine Mischung aus Körpersprache und Geruchssignalen, um zu kommunizieren. Durch ihre Kommunikationsfähigkeit vermeiden die Kaniden Fehler im sozialen Miteinander. Aber verstehen auch Sie die besondere Sprache Ihres Hundes?

Der Zweck der Beflaggung

Ihr Hund sollte die wichtigen sozialen Fähigkeiten schon besitzen, oder er muss sie schnell erlernen, damit seine guten Absichten von anderen Hunden vollauf verstanden werden. Werden die falschen Signale gesendet, kann der andere Hund aggressiv reagieren. Es gibt drei grundlegende Körperhaltungen, die Hunde einnehmen und die den Gemütszustand signalisieren.

Entspannt Die Körperhaltung ist beweglich, die Augen sind nicht auf etwas fixiert, der ist Kopf gesenkt, die Ohren hängen locker herab. Die Rückenlinie ist leicht gewölbt, der Schwanz hängt schlaff herab und zeigt ein Frühstadium des Wedelns vor oder zwischen den Hinterbeinen.

Erwartungsvoll In der zweiten Grundhaltung ist der Körper etwas mehr nach vorn ausgerichtet, der Kopf angehoben, die Augen sind zielgerichtet, die Ohren aufgestellt. Der Rücken ist versteift, das Hinterteil bewegt sich langsam und der Schwanz ist aufgerichtet oder wedelt. Lautstarke Hunde werden dazu oft auch bellen. Dies gilt unter Hunden als Signal, sich gegenseitig auf spielerische, nicht aggressive Weise herauszufordern, oder es ist eine Aufforderung an den Menschen, mit ihm zu spielen.

Tatbereit In dieser Position befindet sich Ihr Hund in höchster Alarmbereitschaft und kann zur Tat schreiten. Der Körper ist noch steifer und angespannter, die Augen sind fixiert und bereit zur Kontaktaufnahme, der Kopf ist hoch erhoben und nach von gestreckt, die Nackenhaare sind aufgestellt, die Rückenlinie ist versteift, die Ohren sind aufgestellt und wachsam. Der Schwanz steht steif vom Körper ab.

Oben: Die Haltung dieses Dobermanns mit erhobenem Kopf und aufgestellten Ohren deutet darauf hin, dass er versucht, seinen nächsten Schritt zu planen.

Links: Die weiche Körperhaltung dieses Labradors, der seinen Schwanz nach unten hängen lässt und dessen Rückenlinie flüssiger ist, zeigt an, dass er glücklich ist.

Schnüffel-Etikette

Sobald Ihr Hund seine eigenen Pläne des sozialen Umgangs mithilfe seiner Körpersprache mitgeteilt hat, ist normalerweise der andere Hund an der Reihe, darauf zu antworten. Bei glücklichen, zufriedenen Hunden könnte das Hinunterbeugen des Oberkörpers als Aufforderung zum Spielen (siehe Seite 46–47) der nächste Schritt sein, oder es gibt eine Einladung zum gegenseitigen Hinterherjagen. Doch bevor all dieser Spaß für die beiden Hunde beginnen kann, werden sie sich zuerst gegenseitig beschnüffeln und Düfte austauschen.

Sorglose, entspannte Hunde bleiben oft einfach stehen und erlauben, dass ihr Hinterteil beschnüffelt wird, und wenn Ihr Hund dasselbe tut, werden die beiden Seite an Seite stehen, Kopf an Hinterteil. Dies erleichtert den Austausch von Gerüchen, bei dem Informationen über das Geschlecht des anderen Hundes sowie über den Fruchtbarkeitszyklus einer Hündin gewonnen werden. Am Duft erkennt ein männlicher Rüde nämlich sofort, ob eine Hündin bereit zur Paarung ist oder nicht. Der Duft kann auch Aufschluss geben über Dominanzverhalten und Gemütsverfassung eines Hundes, zum Beispiel darüber, ob er ängstlich oder selbstsicher ist. Unerbetenes Schnüffeln kann zu Warnlauten, Knurren (siehe Seite 30–31) oder zu einem offenen Akt der Aggression führen, also scheint es, dass Hunde manchmal auch Informationen über ihren eigenen Geruch vorenthalten möchten.

Unten: Dieser Boxer hat sich zu voller Höhe aufgebaut und offenbart, dass er bereit zur Tat ist.

KÖRPERSPRACHE LESEN

Das Seitenprofil der drei Körperhaltungen kann leicht von anderen Hunden verstanden werden, besonders bei Rassen mit einer klaren Körperkontur. Antisoziale Hunde schaffen es nicht, die Körpersprache richtig zu erkennen oder sind sogar verwirrt durch etwas, was eigentlich eine instinktive Sprache sein sollte. So greift vielleicht ein Hund, der eben noch freundlich mit dem Schwanz gewedelt hat, im nächsten Augenblick einen anderen an. Er hat diese Strategie vielleicht verwendet, um einen Konkurrenten zu verwirren, oder sie ist als Vorsichtsmaßnahme eines ängstlichen Hundes zu verstehen, wenn die Möglichkeit besteht, dass der andere Hund aggressiv ist.

Dominante Hunde entscheiden sich vielleicht dafür, ihren Schwanz hoch aufzurichten und trotzdem damit zu wedeln, während andere, subdominante Hunde ihren Schwanz eher tief halten und langsam von einer Seite zur anderen damit wedeln, wenn sie sich nicht sogar unterwürfig hinlegen, bevor sie ihr Hinterteil zum Beschnüffeln darbieten. Ein dominantes Tier wird sich häufig über einen unterwürfigen Hund stellen, als wolle er seine Überlegenheit verkünden. Meist kommt die Körpersprache zuerst, gelegentlich begleitet von Lautäußerungen wie einem zum Spiel auffordernden Kläffen. Dann, wenn alles gut geht, kommt die Schnüffel-Etikette.

Bellen, Knurren und Jaulen

Ihr Hund setzt diese Töne ein, um seine Körpersprache zu unterstützen. Die Töne sind wichtig, um Absichten mitzuteilen, und sie variieren von einem tiefen Brummen bis zu einem hohen Jaulen. Das Bellen wird hauptsächlich als Alarmruf eingesetzt.

Alarmbellen

Der wilde Hund bellt – nicht immer wiederholt – als Alarmsignal oder als Warnung für andere Rudelmitglieder. Das Bellen zeigt gewöhnlich die Anwesenheit nicht zum Rudel gehörender Hunde, anderer Raubtiere oder sogar von Beute an und wird benutzt, um die Aufmerksamkeit der Rudelmitglieder darauf zu lenken. Sobald das Rudel derart alarmiert wurde, kann es sich sammeln und als Gruppe operieren, um mit der potenziellen Bedrohung fertig zu werden oder die mögliche Mahlzeit zu erbeuten.

Aufmerksamkeitsbellen

Wenn Ihr Hund bellt, informiert er Sie, dass es entweder ein ungewöhnliches Geräusch oder eine potenzielle Bedrohung

Oben: Das Hundebellen ist grundlegende Rudelsprache. Es warnt sowohl Menschen als auch andere Hunde vor potenziellen Bedrohungen.

BELLGEWOHNHEITEN

Ihr Hund war vielleicht über sich selbst erstaunt, als er sein erstes Bellen von sich gab. Von einigen Hunden weiß man, dass sie nicht vor der Geschlechtsreife die Selbstsicherheit hatten, um zu bellen. Andere, wie Terrier und Wachhunde, scheinen das Bellen zu genießen, aber einige werden süchtig danach, Angriffsziele anzubellen. Man könnte glauben, dass sie einfach den Klang ihrer eigenen Stimme genießen, es könnte aber auch sein, dass sie süchtig werden nach dem offensichtlichen Erfolg ihres Bellens. Selbst der Basenji, ein afrikanischer Jagdhund, der nicht bellt, benutzt einen Laut, der mit dem Jodeln verglichen wurde.

Oft ist der Auslöseimpuls ein ungewöhnliches Geräusch oder die Bewegung potenzieller Zielobjekte. Auch der Anblick oder das Geräusch von anderen Hunden oder von Menschen, die am Heim des Hundes vorbeigehen oder etwas abliefern, kann von Bellen begleitet werden.

gibt, etwas, dem man nachgehen sollte. Wenn Sie sich nicht darum kümmern, wird Ihr Hund die Aufgabe selbst übernehmen. Er könnte von einem Zimmer zum nächsten rennen, auf die Haustür zuschießen oder daran hochspringen, immer von Gebell begleitet. Wenn Sie ihm befehlen, mit dem Bellen aufzuhören, und er gut ausgebildet ist, sollte er aufhören. Er wird wissen, dass Sie sich um das Ereignis kümmern es nicht als Bedrohung einstufen.

Spielbellen

Das zum Spielen auffordernde Bellen ist ein erlerntes Verhalten: Ihr Hund verlangt Aufmerksamkeit oder möchte, dass Sie mit ihm spielen, indem Sie ihm den Ball noch einmal werfen. Hunde bellen sich gegenseitig auffordernd an, und sie scheinen den Unterschied zwischen einem Spielbellen und einem Alarmbellen zu kennen, obwohl einige, die schlecht sozialisiert sind, vielleicht durch die beiden Arten des Bellens verwirrt sein mögen. Solch ein Spielbellen bedeutet, dass ein Hund aufgeregt ist wegen der Aussicht aufs Spielen, man kann es mit Kinderrufen beim begeisterten Spiel vergleichen.

Warnendes Knurren

Wenn Ihr Hund knurrt, könnte das bei einem spielerischen Kampf geschehen oder es ist eine Warnung an andere Hunde, ihn in Ruhe zu lassen, da er ansonsten zum Angriff übergehen wird. Einige Hunde knurren spielerisch, wenn sie mit ihren Besitzern herumtollen. Der Ton ist nicht so bedrohlich und gehört zum Repertoire des spielerischen Kampfes.

Das Knurren ist bei Kaniden eine Sofortwarnung, besonders bei Wildhunden. Wenn es eine Beute gibt, die nicht geteilt werden soll, wird ein besitzanzeigendes Knurren einen anderen Hund vertreiben. Wenn ein Beta-Rüde sich für eine Alpha-Hündin interessiert, wird der Alpha-Rüde ihn anknurren. Wenn es Rangstreitigkeiten zwischen Rüden gibt, gibt ein Knurren des dominanten Tiers dem anderen Hund eine Chance, den Schauplatz zu verlassen. Das hündische Knurren ist Kampfansage und Aggression, was erklärt, warum ein Hund bereitwilliger auf die tiefere Stimme eines männlichen Besitzers reagiert als auf die hellere Stimme einer Frau.

Unten: Wenn Hunde bellen oder knurren beim Spielen, nutzen sie das als Übung für eine Situation, in der Aggression zur Verteidigung wirklich nötig ist.

Unterwerfung

Wenn Sie Ihrem Hund aus Versehen auf die Pfoten oder auf den Schwanz treten, werden Sie ein kurzes, hohes Aufjaulen hören. Dies besagt, dass Ihr Hund entweder leicht oder, wenn das Jaulen anhält, schwerer verletzt ist. Dieser Ton ist einer der höchsten in der Hundesprache, der andere ist das Winseln. Das Jaulen wird in der Natur als Unterwürfigkeitssignal verwendet, wenn der unterlegene Konkurrent dem dominanten Tier gegenüber seinen geschwächten Zustand anzeigt. Wenn Hunde winseln, um Aufmerksamkeit zu bekommen, verhalten sie sich unterwürfig, was normalerweise mit kurzen Trennungsphasen von der Mutter in der frühen Welpenzeit assoziiert wird: Die Mutter nimmt sich vielleicht eine Auszeit von ihren Jungen, oder sie verlässt sie, um auf Nahrungssuche zu gehen. Ihr Hund nutzt vielleicht diese Form der Lautäußerung, um Sie zum Spielen aufzufordern oder damit Sie ihn füttern. Er wird gelernt haben, dass diese passive Art des Verhaltens manchmal sogar zu einer Belohnung in Form eines Spaziergangs führen kann. Wenn Sie Ihren Hund allein zu Hause lassen und er wiederholt winselt oder weint in Ihrer Abwesenheit, ist dies ein Zeichen für übertriebene Abhängigkeit und Probleme, die mit der Trennung von Ihnen in Zusammenhang stehen (siehe Seite 114–115 und 118–121).

FRAGEN UND ANTWORTEN: BELLEN

Wie sollte ich tun, wenn meine Hund weiter bellt, obwohl ich ihm befohlen habe, damit aufzuhören?

Wenn ein Hund ständig bellt, lernt er vielleicht, dass er damit mehr Aufmerksamkeit bekommen kann. Das exzessive Bellen oder Heulen kann durch die Verwendung von Trainings-Disks, die Signaltöne abgeben, bei gleichzeitiger Entfernung eines Leckerchens (siehe Seite 75) unterbunden werden. Ein Klicker als Belohnungssignal kann eingesetzt werden, sobald der Hund mit dem Bellen aufgehört hat (siehe Seite 74). Wenn er wiederholt bellt oder jault während Ihrer Abwesenheit, deutet dies auf Anhänglichkeitsprobleme hin (siehe Seite 114–115 und 118–121).

Was sollte ich tun, wenn mein Hund mich anknurrt und wir nicht spielen?

Wenn Ihr Hund Sie herausfordernd anknurrt, sagen Sie zuerst fest »Nein« oder geben ihm mit der Trainings-Disk ein deutliches Signal (siehe Seite 75). Sobald er sein Verhalten unterbricht, sagen Sie lobend »Ja« oder setzen Sie den Klicker als Belohnungssignal ein (siehe Seite 74). Vermeiden Sie Augenkontakt mit Ihrem Hund. Knurren oder herausforderndes Verhalten kann bei Anweisungen wie »Runter vom Sofa!« oder Befehlen wie »Komm!« auftreten, oder er lehnt sich auf, wenn er in ein anderes Zimmer geschickt wird.

Eine erfolgreiche Methode, das Verhalten Ihres Hundes zu ändern, ist, ihn abzulenken, indem man in einem anderen Raum steht und eine Pfeife ertönen lässt, mit einer Futtertüte raschelt oder einen Ball auf den Boden tippt. Belohnen Sie ihn immer und sagen Sie »Ja« (drücken Sie auf den Klicker, wenn Sie einen verwenden), wenn Ihr Hund zu Ihnen kommt und Ihren Anweisungen gefolgt ist.

Links: Dieser Terrier, der beim Spaziergang ein Stöckchen gefunden hat, zeigt besitzergreifende Aggression. Um solche Situationen zu vermeiden, nehmen Sie Spielzeug mit, und wenn er es apportiert, geben Sie ihm Belohnungshäppchen.

Rechts: Hunde können durch wiederholtes Bellen Aufmerksamkeit, Futter und gemeinsames Spiel verlangen. Dem sollte im Frühstadium entgegengewirkt werden, um zu verhindern, dass sich daraus ein herausforderndes Verhalten entwickelt.

Ihr Hund will einfach dazugehören, am Leben der Familie teilhaben, und wenn er zu Ihnen kommt, weiß er, dass Sie ihn wahrscheinlich streicheln werden. Er bewertet diese Aufmerksamkeit seines Rudelführers positiv als Führungsbestätigung.

Den Hund streicheln

WAS TÄTSCHELN BEDEUTET

Ihr Tätscheln ist für den Hund der erste Schritt, um mehr von Ihnen zu bekommen. Er schnüffelt und beleckt Ihre Hände und ermuntert Sie damit, sich noch ausgiebiger mit ihm zu beschäftigen. Es braucht jetzt vielleicht nur noch einen Blick von ihm oder ein Schwanzwedeln, damit Sie vom Tätscheln zum Streicheln übergehen, und vielleicht mit ihm spazierengehen.

WELPENSEHNSUCHT

Als soziales Wesen lernt Ihr Hund rasch, dass die Methode »glücklicher Hund« mit permanentem Schwanzwedeln ihm eine Menge Aufmerksamkeit einbringt. Insbesondere Welpen sehnen sich, wenn sie unter der Trennung von der Mutter und den Geschwistern leiden, nach Körperkontakt mit ihren Besitzern, denn Ihre Körperwärme hat denselben beruhigenden Effekt wie die Nähe der Hundemutter.

FORMEN DER PFLEGE

Ihr Hund akzeptiert glücklich Streicheln und sogar raueren Körperkontakt von Ihnen, weil er dies als Teil des natürlichen Pflegeverhaltens ansieht. Versuchen Sie einmal, ihn an der lockeren Haut am Nacken zu packen und reiben Sie ihn sanft hinter dem Kopf und unter dem Kinn, dann kribbeln Sie seine Ohren. An diesen Stellen kann ein Hund sich sehr schwer selbst pflegen. Ihre Bereitschaft, ihn am Nacken zu kratzen und zu halten, verbunden mit jeglichem Reiben und Kitzeln, unterscheidet sich nicht sehr von der sozialen Körperpflege (Allogrooming). In der Natur pflegen Hunde einander ausschließlich durch Lecken als Zeichen gegenseitigen Vertrauens. Man glaubt, dass es Spannung und Konflikte innerhalb von Rudeln reduziert.

Das Lecken hat seine Ursprünge nicht nur in grundlegendem Pflegeverhalten, sondern auch in der Erkennung von Geschmack und Geruch, genauso wie in der Säuberung von Wunden nach einer Verletzung. Wiederholtes Lecken hat auch eine beruhigende Wirkung.

IN UNTERWÜRFIGKEIT

Wenn Ihr Hund sich auf den Rücken rollt und seinen Bauch darbietet, ist er unterwürfig. Die Belohnung in diesen Situationen, nämlich ein ausgiebiges Streicheln und Knuddeln, ermuntert den Hund, diesen Akt der Unterwerfung zu wiederholen. In der Natur bietet ein niedrigrangiges einem höher gestellten Rudelmitglied oft seinen verletzlichen Bauch- und Genitalbereich zum Beschnüffeln dar. Wenn es sich um Tiere ähnlichen Rangs handelt, kommt es auch zur Fellpflege, also zum Lecken.

HORMONELLER NUTZEN

Ihr Hund hat auch chemische Gründe, Ihre Streicheleinheiten zu genießen. Fellpflege hat einen beruhigenden Effekt, weil es im Gehirn Ihres Hundes die Ausschüttung von Wohlfühlhormonen auslöst. Drei »Glückshormone« werden dabei freigesetzt:

Endorphin – blockiert Stress, Schmerz und Reizungen.

Dopamin – freigegeben durch das Gefühl von Vorfreude, ausgelöst durch Vergnügen und besänftigenden Körperkontakt.

Serotonin – freigegeben als spezielle Wohlfühlbelohnung.

Oben: Hunde und ihre Besitzer genießen Berührungskontakte, und dabei wirken sich die Streicheleinheiten auf beide Seiten positiv aus.

WAS BRINGT ES UNS, WENN WIR EINEN HUND STREICHELN?

Wenn Sie Ihren Hund streicheln, hat dies eine positive Auswirkung auf den Stoffwechsel Ihres Herzens und regt die Ausschüttung derselben Belohnungshormone an, die auch Ihren Hund zufrieden und glücklich machen.

Es ist erwiesen, dass der Besitz eines Hundes Menschen entspannt, ihren Blutdruck senkt und sogar Depressionen entgegenwirkt. Bei Patienten, die an Herzbeschwerden, Bluthochdruck, Diabetes und vielen anderen chronischen Krankheiten litten, besserte sich der Gesundheitszustand, wenn sie sich um einen Hund kümmerten. Es gibt in den USA und in Großbritannien tierunterstützte Therapieformen (USA: Animal Assisted Therapy Program; Großbritannien: Pets as Therapy), und auch in Deutschland kommt die tierunterstützte Therapie inzwischen regelmäßig und professionell in Pflegeheimen, Krankenhäusern, Hospizen und Gefängnissen zum Einsatz.

Ein Hund ist gut für Kopf und Herz. Psychologen stimmen überein, dass Kinder, die in die Sorge um einen Hund eingebunden werden, sowohl ihren IQ verbessern als auch ihr Verantwortungsgefühl und ihre Achtung gegenüber Lebewesen steigern.

Das Gesicht ablecken

Sie sind nach einem Einkaufsbummel mit einem Freund nach Hause zurückgekommen, und da ist Ihr treuer Hund und begrüßt Sie überschwänglich. Sie knien sich beide hin, und Ihr Hund beginnt, Ihre Gesichter kräftig abzulecken. Sie lieben Ihren Hund, aber andere Leute mögen dies befremdlich finden.

Warum tut er das?

Wenn Ihr Hund versucht, Ihr Gesicht zu lecken, ist das eine natürliche Begrüßung nach Art der Hunde. Dort begrüßen die Jungtiere und die eventuell bei ihnen zurückgebliebene Alpha-Hündin die zurückkehrenden Rudelmitglieder überschwänglich. Hungrige Welpen und Jungtiere werden sich um die von der Jagd zurückgekommenen Hunde drängeln und versuchen, bettelnd deren Nacken, Hals und Maul zu belecken. Die zurückgekehrten Rudelmitglieder, die gefressen haben, werden daraufhin teilweise vorverdaute Nahrung wieder auswürgen.

So sollte also das Lecken nicht als Zeichen von Zuneigung verstanden werden, sondern vielmehr als Appell um Aufmerksamkeit.

Was zu tun ist

Wenn Sie das Ablecken des Gesichts nicht mögen und/oder unhygienisch finden, besonders bei Babys und Kleinkindern, ist es wichtig, von Anfang an eine unbeabsichtigte Förderung dieses Verhaltens durch Aufmerksamkeit oder Körperkontakt zu vermeiden. Stattdessen sollten Sie den Welpen eher dafür belohnen, wenn er sich hinsetzt, und nicht etwa dafür, dass er hochspringt oder Sie anspringt, und Sie sollten alle Familienmitglieder und Freunde bitten, sich nicht hinzuknien oder sich auf eine Ebene mit dem Hund zu begeben. Wenn er versucht, das Gesicht abzulecken, wenden Sie sich ab, ohne zu sprechen oder ihn anzusehen, und sobald er aufhört, loben Sie ihn und geben ihm einen freundlichen Klaps. Er wird schnell lernen, dass er Ihre Aufmerksamkeit und Zuwendung ohne den Einsatz seiner Zunge bekommen kann.

Oben links: Wenn ein Hund das Gesicht seines Besitzers ableckt, ist das ein natürliches unterwürfiges Verhalten, mit dem um Futter oder Aufmerksamkeit geworben wird.

Rechts: Dieser Golden-Retriever-Welpe, der das Maul des erwachsenen Hundes beleckt, zeigt bettelndes Verhalten.

FRAGEN UND ANTWORTEN: LECKEN

Wie gewöhne ich meinem erwachsenen Hund das Ablecken des Gesichts ab?

Sobald der Hund beginnt, das Gesicht zu lecken, wenden Sie sich, ohne irgendwelche mündlichen Anweisungen, von ihm ab und vermeiden Sie Körper- und Augenkontakt (in schwierigen Situationen führen Sie eine Trainings-Disk mit Signaltönen für Nichtbelohnungen ein, siehe Seite 75). Sobald der Hund nicht mehr versucht, Ihr Gesicht zu lecken, loben Sie ihn und geben ihm ein Spielzeug oder drücken einen Klicker zur Belohnung (siehe Seite 74).

Ist das Verhalten schädlich für den Hund?

Einige unsichere Hunde werden vom Lecken abhängig und gehen in Stresssituationen wie der Trennung von ihrem Besitzer (siehe Seite 118–121) zum ständigen Belecken ihrer Pfoten oder Flanken über, um hormonbedingtes Wohlbehagen auszulösen. Wenn dieses Verhalten weiter anhält, könnte es zur Entwicklung von Pilzinfektionen und Leckgranulomen kommen, wodurch unter Umständen sowohl eine tierärztliche als auch tierpsychologische Behandlung erforderlich wird.

Ist das Verhalten ein Gesundheitsrisiko für Menschen?

Es gibt ein Risiko für Menschen, wenn Hunde nach dem Kontakt mit dem Kot von anderen Tieren krankmachende Bakterien an ihre Besitzer weitergeben. Man sollte das Risiko nicht außer Acht lassen, ganz besonders, wenn Kinder beteiligt sind.

Lecken, Kratzen und Kauen

Bestimmte Verhaltensformen sind für den Hund natürlich, und sie haben mit seiner erstaunlichen Zunge, den feinen Klauen und seinen gesunden Zähnen zu tun. Dieses sich vorne am Hundekörper befindliche Zubehör erlaubt es ihm, alles zu untersuchen, was sich in der Welt um ihn herum so alles anbietet.

Werkzeug Zunge

Ihr Hund wird Ihnen bei jeder Gelegenheit seine Zunge zeigen. Bei heißem Wetter muss er fortwährend hecheln und streckt seine Zunge heraus, um Speichel auszuschütten, was ihm bei der Abkühlung hilft (siehe Seite 12). Er wird Ihre Hände lecken und wird so durch Duftstoffe Informationen über Ihren Hormonpegel, Ihren Gesundheitszustand und Ihr emotionales Wohlergehen erhalten.

Obwohl sie nicht so abrasiv wie Sandpapier ist, ist die Zungenoberfläche rau genug, um Fleisch von Muskeln und Knochen zu trennen. Er kann seine Zunge auch fast zur Form eines flachen Löffels rollen, um trinken zu können.

Clevere Krallen

Ihr Hund hat an jeder Pfote vier Krallen, mit denen er ebenso gut unter dem Sofa nach seinem Lieblingsspielzeug kratzen als auch im Garten große Löcher buddeln kann. Hunde vergraben in freier Wildbahn von Natur aus Beutetiere und benutzen ihre Krallen, um einen Ruheplatz oder Wetterschutz zu graben. Wenn Ihr Hund den Teppich kratzt, kurz bevor er sich zum Ausruhen hinlegt, hat das damit zu tun, dass er, wie vor Zeiten, den auserkorenen Ruheplatz im Wald- oder Sandboden bequemer machen und ihn von Insekten oder Schlangen befreien will.

Zwischen den Krallen, die beständig wachsen und auch zu lang werden können, wenn sie sich nicht durch das Laufen abwetzen oder abgeschnitten werden, befinden sich Duftdrüsen, mit denen der Hund sein Territorium markieren kann. Hunde, die an Türen und Möbelstücken kratzen, zeigen eine Verhaltensstörung, die mit dem Alleingelassenwerden zu Hause oder mit der Trennung von ihrem Besitzer innerhalb des Hauses in Zusammenhang steht (siehe Seite 122–123).

Sie bemerken vielleicht, dass Ihr Hund seine Hinterpfoten und -krallen benutzt, um den Boden aufzukratzen und wegzuscharren, nachdem er uriniert oder seinen Darm entleert hat. Es gibt unterschiedliche Auffassungen über die Bedeutung dieses Verhaltens, doch es besteht kein Zweifel, dass Hunde damit ihr Territorium markieren. Es steigert vielleicht die Menge der Gerüche, die der Hund hinterlassen will, oder es könnte eine Strategie sein, um seine Geruchsspuren zu überdecken oder sogar die Spuren des vorherigen Hundes, die ihn dazu ermunterten, seine eigene Duftmarke darüber zu setzen. Einige Forscher glauben, dass sie damit anderen Hunden etwas zeigen wollen.

Talentierte Zähne

Hunde haben 42 Zähne – mehr als doppelt so viel wie ein Kind und zehn mehr als ein Erwachsener –, die aus sieben Paaren vorderen Backenzähnen, je sechs Paaren Backen- und Schneidezähnen sowie zwei Paaren Eckzähnen bestehen. Bei Wildhunden haben die Eck- und Schneidezähne die Aufgabe, rohe Nahrung zu zerreißen, während die vorderen Backenzähne und Schneidezähne für das Zermalmen zuständig sind. Dafür brauchen unsere heutigen Hunde ihre Zähne zwar nicht mehr, aber sie haben diese Fähigkeit nicht verloren und erinnern uns daran, dass sie domestizierte Raubtiere sind.

GENÜSSLICHES ZERKAUEN

Ein Hund, der keinen Spaß am genüsslichen Zerkauen hat, ist selten. Hunde lieben es, an getrockneten Schweineohren, Ochsenziemern, Pansen oder einem ungekochten Knochen zu lecken und herumzukauen. Das kann helfen, einen Hund zu beruhigen, weil dabei Belohnungshormone ausgeschüttet werden (siehe Seite 34). Jedoch sollte man sehr vorsichtig sein, Hunden gekochte Knochen anzubieten, weil sie splittern und zu gesundheitlichen Problemen führen können. Hunde, die gern Schuhe zerkauen, sind womöglich gelangweilt oder leiden unter Trennungsstörungen (siehe Seite 122–123).

Links: Dieser Hund ist ganz bei der Sache und gräbt sich mit der Kraft seiner Pfoten und Krallen einen netten Platz zum Ausruhen.

Unten: Das Kauen ist ein natürliches Verhalten für alle Welpen und hat wegen der Ausschüttung von Belohnungshormonen eine beruhigende Wirkung.

Natürliches Verhalten

Schlafen

Ihr Hund muss sich ausruhen, um seine Batterien wieder aufzuladen, genau wie Sie. Wie viel Schlaf er braucht, hängt normalerweise vom Grad seiner Aktivität und von seinem Alter ab. Ihr Hund wird sich selbst den besten Platz zum Schlafen suchen und weiß, wann es Zeit für ein Nickerchen ist.

Schlafrhythmus

Die meisten Hunde übernehmen bereitwillig den nächtlichen Schlafrhythmus ihrer Besitzer und sind glücklich damit, aber sie werden auch gern tagsüber ein Nickerchen halten, wenn ihre Besitzer anderweitig beschäftigt oder nicht zu Hause sind. Die meisten Hunde können sich jedoch auch an andere Schlafrhythmen anpassen, vorausgesetzt, dass sie gut ernährt werden und genügend Auslauf bekommen.

TRÄUMEN HUNDE?

Tagsüber oder am frühen Abend scheinen Hunde einen weniger tiefen REM-Schlaf zu erleben (REM = rapid eye movement = schnelle Augenbewegungen). REM bezeichnet die beinahe bewusste Phase, die einem tiefen, unbewussten Schlaf vorausgeht. In diesen Zeiten werden Sie Ihren Hund vielleicht bei Rennbewegungen beobachten können, obwohl er auf der Seite liegt und schläft, und gedämpftes Bellen von ihm hören.

Hunde, die allein zu Hause sind, werden zum Schlafen oft auf die Betten ihrer Besitzer zusteuern, nicht nur wegen der Bequemlichkeit, sondern auch, weil das Schlafzimmer die beruhigende Wirkung frischen Besitzergeruchs bietet. Jedes Nickerchen tagsüber hat leichten und periodischen Charakter. Manche Hunde schlafen in einem wachbereiten Zustand, mit nicht ganz geschlossenen Augen und Ohren, die nicht ganz entspannt sind. Solch ein Schlaf wird durch Geräusche des Haushalts sofort unterbrochen.

Bedürfnis nach Aktivität

Aktive Hunde, die mit ihren Besitzern auf längere Spaziergänge gehen, werden, wenn sie nach Hause zurückkehren, fressen und sich dann ausruhen. Viele Arbeitshunderassen wie Jagd-, Spür-, Wind- oder Hütehunde, die nicht zur Arbeit eingesetzt werden, haben ein großes Bedürfnis nach Aktivität und sind glücklich, wenn der Halter ihnen so viele Spaziergänge anbietet, wie er nur kann, und werden einfach nach jedem Auslauf schlafen, um ihre Energiereserven wieder aufzuladen. Darüber hinaus sind mentale Aufgaben wie Versteck- und Suchspiele mit Futter oder Spielzeug genauso wichtig für gesunde Hunde wie die körperliche Anstrengung. Ein Arbeitshund wie der Border Collie muss sich beim Hüten von Schafen sehr konzentrieren und verbraucht eine Menge körperlicher Energie. Wenn diese Hunde nicht genügend ausgelastet sind, werden sie unter Umständen extrem wenig schlafen und vielleicht sogar versuchen, ihre Besitzer früh aufzuwecken. Dieses Verhalten kann auch mit Trennungsproblemen in Verbindung stehen (siehe Seite 118–121).

Schlafbedürfnisse

Welpen sind genau wie Babys und brauchen zwischen den aktiven Phasen eine Menge Schlaf und Ruhe. Wenn Ihr Hund älter wird, werden Sie feststellen, dass seine Energie und seine Ausdauer allmählich nachlassen. Nicht alle älteren Hunde sind altersschwach, und viele Besitzer berichten, dass ihre älteren Hunde noch voller Vitalität sind, besonders dann, wenn ein Welpe in die Familie kam. Denn der jüngere Hund belästigt den älteren oft, damit er mit ihm spielt, und dieser lässt sich, angestachelt durch die Konkurrenz, wirklich gelegentlich auf ein Wettrennen oder ein Tauziehen ein. Allgemein jedoch sehen ältere Hunde sich eher nach warmen Plätzen zum Dösen um, vor dem Feuer oder im warm durchs Fenster scheinenden Sonnenlicht. Der ältere Hund schläft nach einen Spaziergang länger, da sein Körper leichter ermüdet.

Oben links: *Diese beiden genießen eine wohlverdiente Ruhepause und tanken für den nächsten Auslauf Energie.*

Rechts: *Die Pfoten ausgestreckt, als ob er laufen würde – es könnte sein, dass dieser Hund träumt und sogar gedämpfte Belllaute von sich gibt.*

WAS, WENN MEIN HUND ZUR FALSCHEN ZEIT SCHLAFEN WILL?

Einige Hunde ruhen tagsüber und die meiste Zeit des Abends und werden dann plötzlich lebendig. Dieses Verhalten kann mit Besitzern zusammenhängen, die zu unterschiedlichen Zeiten arbeiten, oder mit einem durch Krankheit oder Schwäche vorübergehend gestörten Schlafrhythmus. Es gibt auch Hunde, die von plötzlichen oder ungewöhnlichen Geräuschen wachgehalten werden (siehe Seite 126–127).

Das Problem gibt sich bei kranken Hunden mit der Genesung meist wieder von selbst. In anderen Fällen wirken viele kurze Spaziergänge oft heilsam. In einigen Situationen mit nervösen Hunden besteht die Lösung darin, ihnen im Haus eine Unterschlupfkiste anzubieten, als Ersatz für die Höhle, die sie in der Natur nutzen würden, um sich sicherer zu fühlen (siehe Seite 120–121). Hunde, die sich nicht beruhigen können, wenn sie von ihrem Besitzer getrennt sind, leiden vielleicht unter einer Trennungsstörung (siehe Seite 118–121).

Fellpflege

Ihr Hund muss regelmäßig gebürstet werden.
Wie er Ihre Bemühungen, ihn in gepflegtem
Zustand zu halten, bewertet, hängt von seiner
Persönlichkeit ab. Wie häufig er gebürstet
werden muss, variiert nach Rasse und Felltyp.

Wechselseitiger Nutzen

Ein gepflegter Hund mit sauberem Fell verliert weniger Haare.
Einige Hunde genießen es sehr, gebürstet und gekämmt zu
werden, besonders wenn sie schon als Welpen an die regel-
mäßige Fellpflege gewöhnt wurden. Die meisten Hunde lieben es, an bestimmten Stellen gestreichelt zu werden, besonders an Kopf, Nacken und Kinn. Dass sie dies so mögen, hängt
wahrscheinlich mit der Erinnerung an die Pflege durch ihre
Mutter während der ersten Lebenstage zusammen.

Fragen Sie einen Züchter oder einen Hundepfleger um
Rat, wie Sie die besten Ergebnisse bei der Fellpflege einer
bestimmten Rasse erzielen. Für den Hund kann die Fellpflege doppelt belohnend sein, wenn er ein Leckerchen
dafür bekommt, dass er dabei gehorsam und ruhig bleibt.

Probleme beim Bürsten

Einige Hunde haben eine entschiedene Abneigung dagegen,
gebürstet oder abgetrocknet zu werden. Dazu kann es bei
dominanten Hunden kommen (Dominanzprobleme siehe
Seite 64) oder bei geretteten Hunden, die eine negative
Assoziation mit »Behandlungen« entwickelt haben und die
den Anblick eines Menschen, der eine Bürste oder ein Hand-
tuch in der Hand hält, als bedrohlich empfinden. Manche
Hunde lassen sich nur von ihrem Besitzer bürsten, da sie das
Bürsten durch andere als eine Form von Eindringen in ihren
Körperbereich ansehen.

Der Grund dafür, dass einige Hunde empfindlich auf das
Bürsten reagieren, liegt darin, dass in der Sprache der Hunde
diese Handlung gegenseitiges Vertrauen erfordert (siehe
Seite 34). Die unsichere Hundepersönlichkeit wird vielleicht
versuchen, sich ängstlich wegzuschleichen, die dominante
mit aggressivem Knurren reagieren.

*Oben links: Kinder profitieren von der
Verantwortung, sich um einen Hund zu
kümmern und ihn zu pflegen.*

*Rechts: Ihr Hund wird es genießen, wenn
Sie ihn rund ums Kinn bürsten, denn dies
stellt natürliche, soziale Fellpflege dar.*

FRAGEN UND ANTWORTEN: FELLPFLEGE

**Wie soll ich reagieren, wenn mein Hund sich
beim Bürsten problematisch verhält?**
Akustische Signale wie der Klicker oder Trainings-Disks
können benutzt werden (siehe Seite 74–75): Wenn Ihr
Hund brav ist, benutzen Sie den Klicker, aber wenn er sich
schlecht verhält, lassen Sie die Trainings-Disks ertönen.
So lernt Ihr Hund, dass er belohnt wird, wenn er brav ist.

Muss ich meinen Hund jeden Tag bürsten?
Wöchentliches Bürsten oder Kämmen reicht für nicht sehr
langhaarigen Hunde aus; letztere sollte man immer nur ein
bisschen, aber dafür oft kämmen, um Knoten und Verfilzun-
gen zu verhindern. Die Häufigkeit des Bürstens hängt auch
von der Art der Spaziergänge und vom Felltyp ab.

Nach einem besonders feuchten Spaziergang ist es am
einfachsten, den Hund mit einem alten Badetuch trocken
zu reiben, wobei auch Schmutz und lose Haare entfernt
werden. Darauf folgt ein kurzes Durchbürsten. Hunde mit
besonders langem Fell brauchen sehr viel mehr Pflege.

Müssen Hunde gebadet werden?
Hunde können alle paar Monate oder nach einem besonders nassen und schmutzigen Ausflug mit einem speziellen
Hunde- oder Babyshampoo gebadet werden, und obwohl
Ihr Hund die Erfahrung nicht eben begrüßen wird, ist es
doch wahrscheinlich, dass ein sauberer Hund mehr gestreichelt wird. Wichtig ist, nicht zu viel von den natürlichen
Hautölen unter dem Fell zu entfernen. Wenn diese wichtigen Öle weggewaschen werden, würde der Hund empfindlich für Hautreizungen.

Wenn Sie und Ihr Hund einen Ausflug über Viehwei-
den unternommen haben, bietet das Abreiben mit dem
Handtuch die ideale Gelegenheit für einen schnellen
Gesundheitscheck, bei dem Sie sein Fell auf Zecken oder
Anzeichen von Flöhen untersuchen.

Spielen

Hunde drücken sich durch angeborene Verhaltensweisen, Rasseeigenschaften und dessen aus, was sie im Umgang mit Menschen und anderen Hunden erlernt haben. Ihr Hund verabschiedet sich niemals ganz von seiner wilden Seite, genießt aber doch die Bequemlichkeit des Zusammenlebens mit Ihnen.

Lebenslanges Spielen

Trotz seiner Domestizierung trägt Ihr Hund ein genetisches Entwicklungsprogramm in sich. Das Saugen der frühesten Entwicklungsphase zum Beispiel wird ganz natürlich vom Kauen abgelöst. Aber der natürliche Prozess kann unterbrochen werden, zu beobachten bei zu früh von der Mutter entfernten Welpen, die oft über diese frühe Phase hinaus am Saugverhalten festhalten, indem sie alle möglichen Dinge ins Maul nehmen und sie nicht wieder hergeben wollen (siehe Seite 64). Hunde zeigen während ihres ganzen Lebens jugendliche und erwachsene Verhaltensweisen.

Eine Einladung zum Spielen

Um Ihre Aufmerksamkeit zu gewinnen, wird Ihr Hund seinen Körper und seinen Kopf nach unten beugen, mit dem Schwanz wedeln, Ihre Hände lecken und sich an Ihnen reiben – dasselbe Verhalten, das er benutzen würde, um seine Unterwerfung älteren oder höherrangigen Hunden des Wildrudels gegenüber zu zeigen und um Futter zu betteln. Er mag sogar seine Pfoten auf Ihren Schoß legen, um Aufmerksamkeit zu bekommen. Dann, wenn alles andere nichts nützt, verlässt er vielleicht kurz den Raum und kehrt stolz mit einem Spielzeug im Maul zurück, das er Ihnen zeigen will. Genau wie viele Hunde sich spielerisch vor anderen Hunden verneigen, wenn sie diese zum Herumtollen und Jagen auffordern, verwenden sie dieses Signal auch gegenüber Familienmitgliedern als Aufforderung zum Spielen. Doch ist es ratsam für Hundebesitzer, selbst die Initiative zum Spiel zu ergreifen, da sonst der Hund glaubt, er sei der Chef.

Oben: Hunde geben ein Spielzeug oft nur widerwillig ab, doch wenn er es tut, unterstützen Sie ihn mit Lob und gelegentlichen Leckerchen.

WARUM WILL MEIN HUND NICHT SPIELEN?

Es gibt eine Reihe von Gründen, warum ein Hund kein Interesse an Apportierspielen zeigt. Viele Jagdhunderassen apportieren instinktiv, aber wenn ein dominantes oder besitzergreifendes Tier seinen Besitzer herausfordert, wäre das Zurückbringen und Hergeben eines Gegenstands in der Hundesprache ein Zeichen für Unterwerfung. Diese Hunde bringen den Gegenstand vielleicht zurück, rücken ihn aber nicht heraus oder lassen ihn anderswo fallen. Es gibt auch viele Rassen, deren Fähigkeiten und Persönlichkeiten nicht im Einklang stehen mit der Aufgabe, einem Gegenstand nachzulaufen und ihn wiederzubringen. Doch die meisten Hunde werden mit Hilfe von Belohnungshappen spielen und apportieren.

Manche Hunde haben vielleicht das Spielen wegen einer unterbrochenen Sozialisation im Welpenstadium nicht erlernen können oder durch grobe Kinder oder Erwachsene negative Assoziationen damit entwickelt. Alte oder übergewichtige Hunde hingegen finden das Spielen oft einfach zu anstrengend.

Wettkampfspiele

Manchmal leitet ein Spielzeug, das Ihr Hund im Maul trägt, ein Tauziehen ein – er gibt es erst im letzten Moment her, wenn er merkt, dass Sie viel stärker sind als er. Bei anderen Gelegenheiten wird Ihr Hund Ihnen das Spielzeug nur zeigen und dann in der Hoffnung wegrennen, dass Sie ihm hinterher jagen. Dieses Nachjagen ist eine körperliche Herausforderung, ein Test, um herauszufinden, wer der Schnellste, Stärkste und Fitteste ist. Diese Wettkampfspiele sind eine Methode für den Hund, herauszufinden, wer vorn liegt. In der Natur erhält er so nützliche Informationen über die potenzielle Rangordnung unter heranwachsenden Rudelmitgliedern.

Problematisches Spielen

Glückliche und zufriedene Hunde wissen instinktiv, wann das interaktive Spielen mit dem Besitzer angemessen ist, und sie wissen auch zwischen spielerischem Beißen und Aggression zu unterscheiden. Jedoch gibt es einige Rassen, oft Terrier- und Kampfhunderassen, die schnell äußerst erregt werden und, wenn sie mit ihrem Besitzer auf dem Boden herumtollen oder sobald sie zusammen draußen sind, hyperaktive und aggressive Verhaltensweisen entwickeln können. Sie können dieses Problemverhalten verstärken, wenn Sie zu viel Zerrspiele mit ihm machen oder wenn Sie seine Hyperaktivität ungewollt durch direkte Aufmerksamkeit belohnen. Sie sollten Ihrem Hund die Spielregeln vorschreiben, so dass er weiß, wann, wo und wie das Zusammenspiel richtig ist. So wird Ihr Hund spüren, dass Sie der Rudelführer sind.

Oben: *Wenn Hunde den Vorderkörper nach unten beugen, ist das eine Einladung zur Interaktion.*

Unten: *Eine Frisbee-Scheibe ist ein ideales Spielzeug, um bei Spaziergängen das Apportieren mit Ihrem Hund zu üben.*

Beziehungen und Anhänglichkeiten

Die Gefühlsbeziehungen von Hunden zu ihren Besitzern entspricht genau den Beziehungen, die sie in der Natur zu ihrer Mutter, ihren Geschwistern und den Rudelmitgliedern eingehen würden. Wie gesund und erfolgreich die Beziehung Ihres Hundes zu Ihnen ist, wird durch seine Persönlichkeit, seine Rasse und seine frühen Erfahrungen beeinflusst.

FAMILIENROLLEN

Wenn ein Welpe neu in eine Familie kommt und es dort eine erwachsene Frau gibt, wird sie schnell zu seiner Ersatzmutter, deren Geschlecht der Welpe durch die Entschlüsselung ihres Hormonstatus (Östrogen) ermittelt. Erwachsene Hundebesitzerinnen verhalten sich in ihrer frühen Beziehung zu einem jungen Hund auf natürliche Weise mütterlich, und daher ist die Wahl zur Ersatzmutter zweckmäßig. Von einem erwachsenen Hund würde sie als Alpha-Weibchen in ihrem Heim wahrgenommen. Ein männlicher Besitzer wird aller Wahrscheinlichkeit nach als Alpha-Männchen wahrgenommen, als Beschützer des Menschen-Hunde-Rudels. Kinder, mit ihren gewöhnlich niedrigeren Hormonpegeln, werden höchstwahrscheinlich als Welpenkameraden oder Jungtiere angesehen. Der Welpe formt seine frühen Beziehungen anhand dieser Gesichtspunkte.

Wenn Hunde die Geschlechtsreife erlangen, verändern sich, wenn sie nicht kastriert wurden (siehe Seite 68–71), ihre Bedürfnisse. Besitzer können zu potenziellen Geschlechtspartnern werden, wenn es sich um das jeweils andere Geschlecht handelt, und obwohl diese Beziehungen im biologischen Sinn unerfüllt sind, können sie die Anhänglichkeit eines Hundes steigern.

PERSÖNLICHKEIT UND RASSEFAKTOREN

Das tägliche Bedürfnis eines Hundes nach Kontakt zu seinem Besitzer hängt von seiner Persönlichkeit ab und davon, ob die Rasse einen Arbeitshunde-Hintergrund hat, was ein Bedürfnis nach mehr Aktivität und Aufmerksamkeit bei kürzeren Zwischenphasen zum Ausruhen, zur Nahrungsaufnahme und Regeneration mit sich bringt. Es gibt Besitzer, die aktive oder extrovertierte Hunde sehr schätzen und in ihnen unterhaltsame oder charaktervolle Begleiter sehen, während andere solche Bedürfnisse nach ständiger Aktivität oder eine hyperaktive Hundepersönlichkeit zu anstrengend finden.

In völligem Gegensatz zu den aktiven oder extrovertierten Persönlichkeiten gibt es jene Hunde, die eine Beziehung mit nur einer Person eingehen. Andere Familienmitglieder und Freunde werden nur insoweit beachtet, als sie kurz begrüßt werden oder um Futter von ihnen zu bekommen. Es besteht immer die Gefahr, dass diese Bindung für den Hund zu stark werden kann und dass er es schließlich nicht erträgt, von seinem Besitzer getrennt zu sein (siehe Seite 114–15 und 118–121). Einige Besitzer wünschen diesen hohen Grad an Anhänglichkeit bei ihren Hunden, während andere den mit Trennungen

Oben: *Junge Hunde entwickeln eine innige Beziehung zu ihren Besitzern, die auf bedingungslose Liebe und Treue deutet und in der sie gar nicht genug von der Aufmerksamkeit ihrer Besitzer bekommen können. Doch dies kann auf beiden Seiten zu problematischer Anhänglichkeit führen.*

verbundenen Stress des Tiers als problematisches Persönlichkeitsmerkmal ansehen. Es hängt alles davon ab, was man von seinem Hund erwartet. Die Erwartungen eines Hundes auf der anderen Seite sind direkter. Sie leben im »Jetzt«, und obwohl sie die Heimkehr ihrer Besitzer von Arbeit oder Studium freudig erwarten, akzeptieren sie Trennung als Teil des normalen Lebenszyklus.

FORDERND KONTRA BINDEND

Fordernde Hunde finden es recht leicht, ständig sämtliche Aufmerksamkeit von Familienmitgliedern oder Freunden auf sich zu ziehen und immerzu nach mehr zu verlangen. Sie werden sich oft das schwächste Glied im Familienverband heraussuchen und seine Schwäche oder Freundlichkeit ausnutzen, um die nötige Aufmerksamkeit zu bekommen. Je mehr Interaktion diese auch als »munter«, »lebhaft« und »kontaktfreudig« bezeichneten Hunde bekommen, desto mehr brauchen sie. Solche Hunde erscheinen unermüdlich, besonders in ihrem unerbittlichen Streben nach der Interaktion mit Menschen.

Begriffe wie »Ein-Mann-Hund«, »fügsam«, »treu« und »ergeben« werfen ein Licht auf die besondere Beziehung, die manche Hunde zu ihren Besitzern ausprägen können. Diese engen Beziehungen finden sich oft bei Tieren einer echten Arbeitshunderasse wie dem Border Collie, aber nicht nur. Viele Schoßhunde oder Tiere kleiner bis mittelgroßer Begleithunderassen können die gleichen starken Anhänglichkeitsmerkmale zeigen gegenüber Besitzern, die dieses Verhalten zulassen bzw. es fördern.

Neugierde

Junge Hunde sind sehr neugierig, und eine neue Umgebung oder Situation interessiert nur die ängstlichsten Hunde nicht. Die Welt Ihres Hundes ist ein Spielplatz voller Aufregungen und gelegentlich auch der Grund, ein bisschen zaghaft zu sein. Versuchen Sie, die Welt mit seinen Augen zu sehen, um seine Perspektive zu verstehen.

Oben: Ein neugieriger Hund wird Ihnen folgen, um festzustellen, was um ihn herum passiert, während er versucht, einen Platz im Mensch-Hund-Rudel zu finden.

Seine Umgebung erkunden

Ihr Hund wird unzweifelhaft von dem Moment an, in dem er sich an die Entdeckung Ihres Heims macht, die neugierige Seite seiner Persönlichkeit zeigen.

Für den Hund gibt es zwei verschiedene Welten:
1 Das zu Hause, wo er und seine Rudelmitglieder (Sie und Ihre Familie) leben.
2 Die Welt draußen, voller interessanter Dinge: einige vielversprechend, andere bedrohlich.

Diese beiden Bereiche werden sich ihm normalerweise stufenweise eröffnen. Die meisten Hunde werden bis zum Abschluss der notwendigen Impfungen drinnen gehalten. Sobald ein Hund jeden Raum erkundet hat, wird ihm die Sauberkeitserziehung Zugang zur Nachbarschaft geben. Wenn er anfängt, mit Ihnen spazieren zu gehen, wird er alles erkunden, was neu ist, eingeschlossen jeder Baum oder Laternenmast und all die frisch produzierten Düfte von anderen Hunden und Tieren. Der mächtigste Auslöseimpuls für seinen Forschungsinstinkt ist verbunden mit Geruch. Sobald er es einmal gerochen, gesehen und gehört hat, beleckt er das Ziel seiner Neugierde oder kaut darauf herum.

Andere Tiere kennen lernen

Wenn er mit einem neuen Kätzchen in Kontakt gebracht wird, wird Ihr Hund ihm entweder enthusiastisch begegnen oder mit Vorsicht, manchmal bewegt er sich sogar langsam auf dem Bauch vorwärts – welches Verhalten er zeigt, hängt von seinem Vorwissen ab. Wenn er vertraut mit Katzen ist, wird er sie vielleicht aus mangelndem Interesse ignorieren. Alternativ könnte er freundlich oder aggressiv auf sie reagieren, je nach Vorerfahrung. Er könnte sie anbellen oder anknurren, um zu sehen, wie sie reagiert, oder er könnte beginnen, ihr Fell zu lecken im Versuch, eine Beziehung zu ihr aufzubauen.

Hunde verspüren ein natürliches Bedürfnis, alle anderen Tiere zu untersuchen, es sei denn, dass sie schwierige Erfahrungen gemacht haben. Sie jagen vielleicht einem Hauskaninchen hinterher, oder noch schlimmer, jagen Vieh und sind völlig begeistert, wenn Schafe oder Kühe vor ihnen wegrennen. Obwohl diese Verhaltensweisen bei Hunden instinktgesteuert sind, sind sie ganz klar unerwünscht (siehe Seite 140–141).

Andere Hunde erforschen

Ihr Hund wird jeden anderen Hund untersuchen wollen. Nach den notwendigen ersten Annäherungssignalen durch Körperhaltung und Aufnahme der Witterung werden Hunde sich gegenseitig beschnüffeln. Allerdings sind nicht alle Hunde kontaktfreudig, und es ist manchmal klug, den anderen Hundehalter schon beim Näherkommen zu fragen, ob sein Hund verträglich ist oder nicht. Wenn Ihr Hund jedoch nicht angeleint ist, sind Fragen nach dem Betragen anderer Hunde nicht unbedingt möglich. Selbst die umgänglichsten Hunde können problematisches Verhalten entwickeln, wenn sie von einem nicht gut sozialisierten Hund angegriffen werden. Einige Opfer entwickeln, nachdem sie attackiert wurden, eine Strategie von »Angriff ist die beste Verteidigung«, was Spaziergänge zu einer wenig erfreulichen Sache machen kann. Es ist ratsam, eine Belohnungspfeife zu verwenden, um Ihren Hund zum Zurückkehren zu motivieren, wenn er einem aggressiven Hund begegnet (siehe Seite 75). Die Pfeife sollte zunächst rund ums Haus eingesetzt werden, so dass er sie nicht mit dem Zusammentreffen mit anderen Hunden draußen in Verbindung bringt. Danach kann man sie auch benutzen, um den Hund in schwierigen Situationen zum Zurückkehren zu motivieren.

Unten: Dieser Spaniel zeigt eine natürliche Neugierde und hat Spaß daran, einen Teich mit seinen neuartigen Gerüchen und dem merkwürdigen Verhalten seiner Bewohner zu erforschen.

VERSTECKTE GEFAHREN

Einige Schränke bei Ihnen zu Hause bergen vielleicht gefährliche Gegenstände. Ein junger Hund der sich langweilt, wird Flaschen und andere Behälter aus Plastik untersuchen, indem er daran leckt oder darauf herumkaut, also ist es wichtig, solche Dinge außerhalb seiner Reichweite aufzubewahren. Hunde muss man von verschütteten Chemikalien fernhalten, denn sie könnten hindurch laufen und die giftigen Substanzen von den Pfoten ablecken. Wenn Sie nach einem Spaziergang oder nach einem häuslichen Missgeschick im Zweifel sind, ob die Pfoten Ihres Hundes mit gefährlichen Substanzen verunreinigt sind, waschen Sie sie zur Sicherheit mit lauwarmem Seifenwasser.

Männliche und weibliche Verhaltensweisen

Die meisten Verhaltensmerkmale haben Hunde beiderlei Geschlechts gemeinsam, aber es gibt ein paar subtile Unterschiede, die sie merklich voneinander unterscheiden. Wenn Hunde vom Pluto sind, dann sind Hündinnen vom Saturn.

Geschlecht und Persönlichkeit

Ein männlicher und ein weiblicher Hund können ähnliche Persönlichkeiten besitzen. Während man allgemein annimmt, dass weibliche gutmütiger als männliche sind und ein weniger herausforderndes Verhalten an den Tag legen, muss man diese Sicht aufgeben, wenn man einen lammfrommen Rüden direkt mit einer dominanten Hündin vergleicht. Die Sichtweise, dass männliche Hunde aggressiver als Hündinnen sind, ist zufolge klinischer Statistiken zum tierischem Verhalten nicht grundsätzlich richtig. Rüden sind tendenziell konkurrenzorientierter und fordern sich untereinander in größerem Maße heraus. Aber statistische Daten kastrierter Hunde zeigen, dass die Wahrscheinlichkeit bei kastrierten Tieren, asoziales Verhalten zu zeigen, genauso hoch ist wie bei nicht kastrierten Tieren, allerdings ist die Wahrscheinlichkeit geringer, dass sie auf der Suche nach läufigen Hündinnen umherstreifen. Hündinnen besitzen einen natürlichen Mutterinstinkt, der sie prinzipiell dazu anregt, sich sozial und fürsorglich zu verhalten. Dies macht sie für manche Besitzer liebenswerter. Rüden dagegen geben sich oft unabhängiger, doch ist dies kein ausschließlich männliches Persönlichkeitsmerkmal.

Geschlechtsunterschiede

Ein hoher Prozentsatz des hormongesteuerten und vom Gehirn kontrollierten Verhaltens ist bei Rüden und Hündinnen gleich. Doch was die sexuelle Anziehung angeht, gibt es eindeutige Unterschiede zwischen den beiden Geschlechtern. Rüden, die nicht kastriert wurden, können den Duft einer »läufigen« oder ‚heißen‘ Hündin über Hunderte von Metern erschnuppern. Der Geschlechtstrieb von Rüden ist in einigen Fällen so stark, dass er sie veranlasst, aus ihrem zu Hause oder Garten auszubrechen, um zu einer paarungsbereiten Hündin zu gelangen. Dieser Drang, das andere Geschlecht aufzuspüren, ist ein sehr männliches Verhalten, obwohl auch schon Hündinnen beobachtet wurden, die ein starkes Interesse an Rüden in ihrer Nachbarschaft zeigten.

AUSWIRKUNGEN DES KASTRIERENS

Das Kastrieren wird nicht nur den Drang zum Herumstreunen bei einem Rüden beseitigen, sondern auch verdrängtes Sexualverhalten eliminieren, etwa Versuche eines Hundes, ein menschliches Bein oder Spielzeuge zu besteigen. Das wird oft durch einen Hormonschub ausgelöst, der der Geschlechtsreife vorangeht, und kann durch Aufmerksamkeit oder Bestrafung unbeabsichtigt verstärkt werden (siehe Seite 70–71).

Doch solches Verhalten wird auch bei Hündinnen beobachtet und kann dann ein Zeichen dafür sein, dass die Hündin den Rang ihres Besitzers in Frage stellt. Das Gehirn des kastrierten Rüden bleibt männlich orientiert, genau wie die sterilisierte Hündin weiblich orientiert bleibt, und der natürliche Einfluss des Geschlechts auf die Persönlichkeit des Hundes wird das ganze Leben über erhalten bleiben.

Körperlicher Einfluss

Sobald Rüden und Hündinnen die Geschlechtsreife erlangt haben, gibt es einen offenkundig sichtbaren Verhaltensunterschied zwischen ihnen: der Rüde hebt zum Urinieren das Bein, während die Hündin sich weiterhin hinhockt. Als Welpen gehen beide Geschlechter beim Urinieren in die Hocke, und unter den Rüden gibt es Spätentwickler, die damit fortfahren, lange nachdem die meisten anderen schon gelernt haben, höher zu zielen, wobei nach Möglichkeit die eigene Markierung etwas oberhalb der des Konkurrenten gesetzt wird. Vielleicht soll dieses Verhalten andere Hunde glauben machen, dass der Vorgänger, der diese hohe Markierung hinterlassen hat, ein wirklich großer Rüde war, dessen Territorium besser gemieden werden sollte. Eine alternative Theorie lautet, dass Hündinnen, die vorbeilaufen und in bequemer Kopfhöhe schnüffeln, ermuntert würden, diesen Hund zu finden.

Linke Seite: Dieses Hundepaar scheint sich wohl miteinander zu fühlen. Hunde sozialisieren sich untereinander auf verschiedene Arten, und die Geschlechtszugehörigkeit beeinflusst jede beginnende Interaktion.

Unten: Diese Hunde nutzen ihren unglaublichen Geruchssinn, um wichtige Informationen übereinander zu erhalten, einschließlich des Geschlechts.

Welpenzeit

Entwöhnen

Die frühesten Verhaltensentwicklungen bei Welpen sind vollkommen instinktiv. Um zu überleben, müssen sie die nächste verfügbare Zitze finden und zu saugen beginnen. Diese angeborene Reaktion ist bei allen Säugetieren natürlich. Aber um sich weiter zu entwickeln, müssen Welpen nach und nach entwöhnt werden und feste Nahrung bekommen.

Vom Saugen zum Auflecken

Saugen und Ins-Maul-Nehmen sind wahrscheinlich die instinktivsten Verhaltensweisen, die ein Welpe von Anfang an zeigt. Sobald die Mutter ihren neugeborenen Welpen sauber geleckt hat, wird er naturgemäß die kurze Reise zu ihren Zitzen unternehmen, ohne dass er sehen oder hören könnte, was um ihn herum vor sich geht. Die Mutter unterstützt ihn vielleicht aktiv dabei, sein Ziel zu finden in diesen frühen Momenten dessen, was als Reflexphase der Welpenentwicklung bezeichnet wird. Manchmal wird sie ihn sogar in ihr weiches, mütterliches Maul nehmen, statt ihn sich blindlings vorankämpfen zu lassen.

Damit Welpen bedeutend an Gewicht zunehmen, müssen sie von der Muttermilch – ihrer notwendigen Nahrung während der ersten drei oder vier Wochen – entwöhnt werden und zu einer Kombination aus feuchter Nahrung und gebrauchsfertiger Milch übergehen. Diese wichtige Ernährungsumstellung wird dadurch erleichtert, dass der Welpe naturgemäß vom Saugen zum Auflecken übergeht.

Natürliche Entwöhnung

In der Natur bietet die Hundemutter den heranwachsenden Jungen, die von der zweiten oder dritten Lebenswoche an sehen und hören können, ausgewürgte feste Nahrung an,

Oben: *Welpen finden instinktiv die mütterliche Milchquelle und trinken viele Male, tags wie nachts.*

Links: *Ein Welpe lernt bald, wie Flüssigkeiten aufgeleckt werden und kann danach bald zu halbfester Nahrung übergehen.*

sobald sie von der intensiven Sorge um ihren Nachwuchs so weit befreit ist, um selbst zu fressen. Diesen vollständig zerkauten und teilweise vorverdauten Nahrungsbrei schlabbern die Kleinen wie Suppe auf. Die Übergabe von Enzymen und Bakterien aus ihrem Verdauungssystem und von Speichel, beides im ausgewürgten Nahrungsbrei enthalten, helfen wahrscheinlich den Welpen bei der notwendigen Umstellung von Milch zu fester Nahrung. Diese Interaktion tritt auch den beständigen Ansprüchen der Welpen auf Fütterung entgegen und stabilisiert sie. In der Situation zu Hause imitieren der Züchter und dann Sie als der spätere Besitzer diese Nahrungsumstellung und leiten den Wechsel vom Aufschlecken zum Kauen ein, indem Sie zuerst leichtverdauliches feuchtes Futter und Milch und dann halbfeste Welpennahrung einführen.

Kauen lernen

Sobald die Welpen mit sechs bis acht Wochen anfangen, auf regelmäßiger Basis mehr feste Nahrung zu sich zu nehmen, lernen sie schnell zu kauen. Oft gibt es eine Überschneidungsphase im Fressverhalten, und einige Welpen verärgern ihre Mütter, indem sie zu früh vom Saugen zum Kauen übergehen. Normalerweise wird der Züchter bereits begonnen haben, die sich natürlich entwickelnden Veränderungen im Fressverhalten zu unterstützen, und zu der Zeit, wenn Ihr Welpe zu Ihnen nach Hause kommt, sollte er Nassfutter und Milch begeistert auflecken können.

WAS, WENN MEIN WELPE KEIN INTERESSE AN SEINEM FUTTER ZEIGT?

Der Züchter wird Ihnen einen Ernährungsplan für Ihren Welpen mitgeben, damit Sie ihm weiter das Futter geben können, das er gewohnt ist. Futtervariationen können, wenn sie in den Frühphasen angeboten werden, oft Begeisterung auslösen. Spielen Sie mit ihm, bevor Sie ihm Futter anbieten. Dies wird sein natürliches Bedürfnis zum »Nachtanken« auslösen und ihn anregen, sich nach der Mahlzeit auszuruhen und sein Futter zu verdauen.

Wenn ein Welpe beginnt, sein Futter zu kauen, bekommt er all die notwendige Ausgewogenheit von Proteinen, essenziellen Fettsäuren, Kohlenhydraten, Ballaststoffen, Vitaminen und Mineralstoffe, um zum erwachsenen Tier heranzuwachsen. Sein Kauvermögen wird zunehmen, wenn seine Milchzähne den längeren und viel stärkeren Erwachsenenzähnen Platz gemacht haben (siehe Seite 61).

Unten: Wenn Welpen zwischen sechs und acht Wochen alt sind, können sie mehr festes Futter beißen und kauen und sie freuen sich auf ihre Mahlzeiten.

Frühes Verhalten

Welpen bestehen zu gleichen Teilen aus Energie und Neugierde, und einige ihrer frühesten Verhaltensweisen stehen in Verbindung mit diesen zwei Auslöseimpulsen. Wie Kinder brauchen Welpen offensichtlich Nahrung und Schlaf, aber dann wollen sie ihre körperliche Stärke durch Klettern, Zerren und Rennen erproben und eine sich in dieser Phase stets weiter ausdehnende Welt erkunden.

So sieht Ihr Welpe Sie

Wie ein Welpe Sie sieht, hängt zum Teil mit Ihrem Geschlecht zusammen. Wenn Sie eine Frau sind, betrachtet er Sie wahrscheinlich als Mutterersatz. Ein Welpe sucht Trost, indem er sich von Ihnen füttern lässt. Er zieht Wärme aus Ihrer Nähe und Ihren Streicheleinheiten, aber was er wirklich braucht, ist Ihre Anleitung. Er will die sich ausweitende Welt erkunden, aber um das mit Selbstvertrauen zu tun, muss er gezeigt bekommen, wie es geht. Wenn Sie ein Mann sind, erwartet er von Ihnen wahrscheinlich Anleitung, aber sobald er im Alter zwischen neun und zwölf Monaten die Geschlechtsreife erreicht, wird er Sie als natürlichen Rudelführer entweder anerkennen oder beginnen, Sie als Rivalen herauszufordern (siehe Seite 64–65).

Erste Erkundungen

Bis ein Welpe seine letzten Impfungen bekommen hat, bleibt er normalerweise im Haus, und so ist dies zunächst sein Abenteuerspielplatz. Sein Nest oder »Bau« ist sein Korb, und von hier aus wird er seine ersten Streifzüge unternehmen.

Ein Welpe nimmt vor allem mit seiner ausgezeichneten Nase und seinem hervorragenden Hörvermögen wahr, was um ihn herum vor sich geht. Seine Augen nehmen Bewegungen wahr, nicht sosehr Details, und so werden Ihre Füße oder die ausgebreiteten Arme ihn wahrscheinlich zum Spielen anregen. Die Perspektive des jungen Hundes ist das Bodenniveau, es sei denn, Sie nehmen ihn auf den Arm oder er liegt auf Ihrem Schoß. Ein Welpe beginnt mit der Erkundung seiner neuen Umgebung, indem er seinen ersten Raum untersucht, dann folgen die angrenzenden Räume. Einige Bereiche bei Ihnen zu Hause, wie Treppen oder Stufen, können für einen kleinen Hund eine echte körperliche Herausforderung sein, und er wird sich ihnen erst dann stellen, wenn sein Zutrauen und seine Körpergröße es erlauben.

Welpenbegrüßungen

Wenn ein Welpe Sie zum ersten Mal sieht, wird er auf kindliche Art auf Sie zusteuern. Seine Körpersprache – wedelnder Schwanz – sagt Ihnen, dass er sich freut Sie zu sehen. Einem Welpen frühzeitig beizubringen, dass er sich bei der Begrüßung von Besuchern setzen und ruhig verhalten soll, statt an ihnen hochzuspringen, verhindert, dass er als erwachsener und eventuell großer Hund lästig wird.

Manchmal löst seine Aufregung die Freigabe einer kleinen Menge Urins aus. Das Urinieren wird durch eine Mischung aus purer Freude und Unterwürfigkeit ausgelöst. Der Schlüssel dafür, mit diesem Verhalten umzugehen, liegt darin, die große Aufregung des Hundes bei der Begrüßung zu minimieren und nur ruhiges Verhalten zu belohnen (siehe Seite 124–125).

WOHER WEISS ICH, WANN MEIN WELPE MAL MUSS?

Unmittelbar vor oder nach dem Füttern und nach einer Schlaf- oder Ruhephase muss ein Welpe sich gewöhnlich erleichtern. Es ist auch möglich, die Warnsignale zu lesen – er wird anfangen zu schnüffeln und die Gegend mit mehr Energie als sonst erkunden und versucht vielleicht, sich unter ein Möbelstück zu schleichen. Wenn Sie Ihren Welpen gerade noch erwischen, bevor er sich hinhockt, können Sie ihn sanft nach draußen bringen oder auf eine alte Zeitung oder einen windelartigen Welpenlappen nahe der Ausgangstür setzen. Wenn er diesen Ort benutzt und Sie ihn sehr dafür loben, wird ihn das ermuntern, ihn wieder zu benutzen.

Einige Hundehalter finden, dass die Einführung eines Klicker-Belohnungssystems (siehe Seite 74), selbst in dieser frühen Phase, dabei hilft, den Hund schnell und erfolgreich zur Stubenreinheit zu erziehen. Mit dieser Methode können Sie Ihren Hund später auch dazu bringen, auf Anweisung sein Geschäft zu verrichten, was nützlich ist, wenn Sie sich mit ihm an öffentlichen Orten befinden und Sie kontrollieren wollen, wo und wann er sich löst.

Linke Seite: Welpen müssen genau wie Kinder in regelmäßigen Abständen spielen, essen und schlafen, und genauso wichtig ist der Umgang mit dem Familienrudel.

Unten: Ein junger Hund, sprühend vor Gesundheit und Vitalität, begrüßt seine Besitzer mit übersprudelnder Begeisterung.

Körperliche und sensorische Entwicklung

Welpen reifen sehr schnell heran. Im einen Moment kann Ihr neuer Hund noch bequem mit einer Hand hochgenommen werden, aber im nächsten, ausgenommen Toy- und Zwergrassen, scheint er plötzlich kaum noch in Ihre ausgebreiteten Arme zu passen. Er muss sich so schnell entwickeln – in der Natur hängt sein Überleben davon ab.

Körper

Die Wachstumsgeschwindigkeit eines Welpen ist hoch, variiert jedoch von Rasse zu Rasse. Große, schwere und langbeinige Rassen scheinen oft in den ersten sechs Monaten recht schlaksig. Kleine Rassen neigen dazu, sich körperlich langsamer zu entwickeln als große Hunde und sind oft die langlebigsten. Große Rassen, die von Natur aus sportlich oder energiegeladen sind, machen eventuell ausgeprägte Wachstumsschübe von Muskeln und Knochen durch. Folglich ist es wichtig, keine übertriebene Aktivität zu fördern, da übereifriges Spielen zu Verletzungen führen kann.

Männliche Welpen hocken sich beim Urinieren weiter genauso hin wie Hündinnen, doch sobald die Hoden sich senken und die hormonellen Veränderungen mit Beginn der sexuellen Reife (im Alter von neun bis zwölf Monaten) auftreten, heben sie das Bein. Weibliche Hunde werden in dieser Phase zum ersten Mal hitzig, wobei eine zweiwöchige schwache Blutung oder eine leichte Schwellung der Vulva beim ersten Mal oft das einzige Indiz sind.

WIE KANN ICH MEINEN WELPEN DAVON ABHALTEN, DIE FALSCHEN DINGE ZU ZERKAUEN?

Bieten Sie ihm für sein Kaubedürfnis Kaustreifen, Ochsenziemer, getrocknete Schweineohren etc. oder speziell für Hunde entwickelte Kauspielzeuge an. Wenn Sie Ihren Welpen beim Kauen an einem Haushaltsgegenstand erwischen, sollten Sie sein Verhalten auf einen passenderen Gegenstand umlenken und ihn loben, oder Sie verwenden Trainings-Disks, um Nichtbelohnung zu signalisieren (siehe Seite 75). Wenn Sie sein Verhalten unterbrechen, ist es wichtig, ihm einen angemessenen Ersatz anzubieten, an dem er sein Kaubedürfnis befriedigen kann.

Oben: Dieser aufmerksame Welpe hat noch sein weiches Fell, das mit Erreichen der körperlichen Reife rauer werden wird.

Rechts: Das Kauen hilft Welpen beim Zahnwechsel, wenn die Milchzähne den kräftigeren Erwachsenenzähnen Platz machen. Geben Sie Ihrem Hund immer etwas zum Kauen wie einen Kaustreifen oder einen rohen Knochen.

Fell

Im Alter zwischen 12 und 24 Monaten wird das weiche, beinahe flaumige Welpenfell durch rauere Haare ersetzt. Wenn Besuch kommt, werden Sie vielleicht sein gesträubtes Nackenfell bemerken. Je nachdem, wie selbstsicher er ist, wird er vielleicht auch sein Hinterteil und seinen Schwanz aufrichten. Dies ist eine frühe Entwicklung von Körpersprache (siehe Seite 28–29) die ihm hilft, seinen Platz und seine Rolle im Familienleben zu finden.

Zähne

Die stacheligen, scharfen Milchzähne eines Welpen treten genau dann hervor, wenn er das Saugen aufgibt und beginnt, feuchte oder halbfeste Nahrung aufzulecken. Sie fallen ab etwa der zwölften Woche aus, und normalerweise werden alle in einem allmählichen Prozess im Alter von 18 bis 24 Wochen durch bleibende Zähne ersetzt. Bis die Milchzähne ausgegangen sind, wird ein Welpe ständig auf etwas herumkauen wollen, aber dieses natürliche Verhalten kann auf speziell dafür entwickeltes Hundespielzeug gelenkt werden. In den meisten Fällen klingt das jugendliche Kaubedürfnis ab, sobald die bleibenden Zähne durchgebrochen sind, aber bei einigen jungen Hunden entwickelt sich das ständige Zerbeißen und Zernagen zu einer zerstörerischen Obsession (siehe Seite 148–149).

Oben: Ein Welpe wird schnell das Geräusch erkennen, wenn seine Futterschüssel gefüllt und auf den Boden gestellt wird, was seine natürliche Neugierde und die Lernprozesse stimuliert.

Sinne

Ein Welpe lernt durch bestimmte Signale etwas über das tägliche Leben im Zu Hause seiner Familie. Er wird auf das Geräusch sich nähernder Schritte horchen. Sein Gehör wird sich einstellen auf den Klang der Türklingel, Ihres Autos, auf das Rascheln von Futtertüten oder das Geräusch des Löffels, der das Futter in seinem Napf umrührt. Sobald er durchgeimpft ist und nach draußen kann, wird er den starken Wunsch haben, an jedem Grashalm und jedem Ding zu schnüffeln, das von anderen Hunden oder Tieren mit einer Duftmarke versehen wurde. Er wird lernen, Ihre Handlungen mit bestimmten Aktivitäten in Verbindung zu bringen, beispielsweise das Anziehen der Schuhe und den Griff nach dem Mantel mit der Aussicht auf einen Spaziergang. Falls bestimmte, einem Spaziergang vorhergehende Handlungen zu große Begeisterung bei Ihrem Hund auslösen, ist es ratsam, die Hinweise wie Schlüssel, Leine, Mantel und Schuhe ruhig und zügig aus einem anderen Raum zu holen, so dass der Hund sich nicht in seine Begeisterung hineinsteigert.

Wachstums-entwicklung

Welpen Sie beginnen ihr Leben in völliger Abhängigkeit von der mütterlichen Versorgung, aber bereits ein oder zwei Monate später fangen sie an, ihre Stärke und die Fähigkeiten ihrer Sinne an Geschwistern und Menschen zu erproben. Innerhalb von sechs Monaten sind Junghunde der meisten Rassen gut gerüstet, die Welt um sie herum auszukundschaften und herauszufordern.

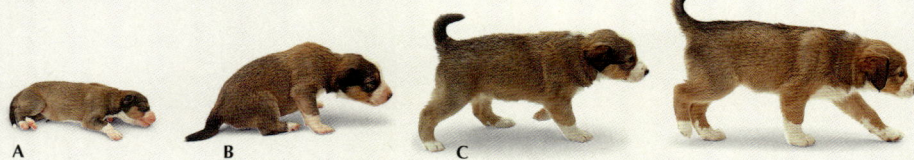

A   B   C   D

NEUGEBOREN (A)

Welpen werden mit noch nicht vollständig entwickeltem Hör- und Sehvermögen geboren (Reflexperiode) und sind deshalb vollständig auf die Ernährung und die Pflege durch ihre Mutter angewiesen. Sie leckt die Welpen ab, damit sie nicht krankheitsanfällig werden. Durch das Ablecken werden die Welpen zur Darmentleerung stimuliert. Die Hündin entsorgt auch dieses Abfallprodukt ihrer Milch.

2 BIS 3 WOCHEN (B)

Die Mutter beginnt, ihre Welpen zum Urinieren und Koten ohne Hilfe außerhalb des Nist- oder Schlafbereichs anzuleiten. Die sich schnell entwickelnden Welpen können jetzt hören und sehen und die Milchzähne brechen durch. Nun sind sie in der freien Natur bereit dafür, ausgewürgtes Futter zu fressen bzw. im Fall domestizierter Hunde halbfeste Nahrung zu sich zu nehmen. Menschen, denen die Hündin vertraut, können nun vorsichtig mit den Welpen umgehen, um die frühe menschliche Sozialisierung zu fördern.

Die Welpen sind immer noch nicht ganz sicher auf den Beinen, aber sie werden von Tag zu Tag stärker.

4 BIS 5 WOCHEN (C)

Die Welpen sind nicht mehr so wackelig auf den Beinen und sehen klarer, und so genießen sie zunehmend die Erforschung der sie umgebenden Welt. Die Mutter bietet weiterhin Milch, Wärme und Behaglichkeit und wird sanft, aber nachdrücklich ihren Nachwuchs disziplinieren, besonders, wenn deren spielerisches Beißen oder Saugbedürfnis zu fordernd werden. Sie wird herumstromernde einzelne Welpen, die sich zu schnell zu weit von der Gruppe entfernen, zurückbringen und den ganzen Wurf wachsam beaufsichtigen, bis sie spürt, dass ihre Welpen stark genug für die Unabhängigkeit sind.

6 BIS 8 WOCHEN (D)

Die Sinne und Körperkräfte der Welpen sind voll funktionsfähig. Sehr daran interessiert, ohne ihre Mutter die Welt zu erforschen, werden sie immer unabhängiger. Die Mutter wird wahrschein-

E F G H

lich dankbar für diese Auszeiten allein
sein, die es ihr erlauben, sich von der
Geburt und der anstrengenden Sorge
um die Jungen auszuruhen. Die Ge-
schwister fordern einander ständig heraus und entwickeln in diesen frühen
spielerischen Konkurrenzkämpfen ein
Gespür für Rudelstruktur und Hierar-
chie. Mit einem vollständigen Satz
nadelspitzer Milchzähne sind alle Welpen jetzt begierig, mehr feste Nahrung
aufzunehmen. Die meisten sind bereit
für ihre ersten Impfungen.

9 BIS 11 WOCHEN (E)

Die meisten Welpen genießen jetzt das
Leben an der Seite ihrer neuen Besitzer
und sind von flüssiger oder halbfester
Nahrung vollständig entwöhnt. Sie
erhalten auch ihre zweiten Impfungen
und können die Welt draußen erforschen, wobei sie bis zur Erschöpfung
schnüffeln, lecken, kauen, springen
und rennen, gefolgt von einer Ruhephase. Alle Welpen sollten inzwischen
stubenrein und bereit für das Gehorsamstraining sein.

JUGENDLICH (F)
(12 WOCHEN BIS 6 MONATE)

In dieser Phase sollte ein Hund vollständig in seiner neuen Familie sozialisiert sein. Er sollte zahm und gehorsam sein und begriffen haben, dass sein
Platz am unteren Ende des Menschen-
Hunde-Rudels ist. Jeglichen frühen Verhaltensproblemen, wie spielerischem
Beißen oder Hochspringen, sollte entgegengewirkt werden, bevor es zur
Gewohnheit wird (siehe Seite 75).

HALBSTARK (G)
(6 BIS 18 MONATE)

Rüden werden mit Beginn der Geschlechtsreife, etwa im Alter von 9 bis
12 Monaten, beginnen, ihr Bein beim
Urinieren zu heben, und Hündinnen
werden gewöhnlich zum ersten Mal
hitzig (siehe Seite 60). Einige Hunde mit
einer sich entwickelnden Dominanz-
tendenz und zunehmendem Testosteronspiegel fühlen sich vielleicht selbstsicher genug, ihre Besitzer herauszufordern. Mit jeglichem antisozialen
Verhalten, wie dem Knurren über Futter
oder Spielzeugen, sollte man sich sorgsam befassen (siehe Seite 64–65).

ERWACHSEN (H)
(18 MONATE UND ÄLTER)

Die Hundepersönlichkeit ist jetzt aus-
geformt. Alle rassespezifischen körperlichen Einflüsse, kombiniert mit den
hormonellen Veränderungen und der
Prägung durch soziale Interaktion, stat-
ten den Hund nun für den Rest seines
Lebens aus. Obwohl es heißt, dass
einem alten Hund keine neuen Tricks
beigebracht werden können, kann problematisches Verhalten immer noch kor-
rigiert werden, aber je älter der Hund,
desto länger wird dies in der Regel
dauern (siehe Seite 112–141). Die
meisten Hunde haben im Alter von drei
Jahren ihr endgültiges Durchschnitts-
gewicht und ihre Größe erreicht.

Testende und herausfordernde Verhaltensweisen

Obwohl das Spiel ein wichtiger Teil eines Hundetages sein sollte, müssen Sie darüber bestimmen, wie ein gemeinsames Spiel beginnt und sich entwickelt. Es ist auch wichtig, dass Sie Ihrem Welpen nicht erlauben, bei seinen Spielzeugen zu besitzergreifend zu werden.

Kräftemessen

Wenn ein Welpe Ihnen ein Spielzeug oder einen anderen Gegenstand bringt und diesen dann zu Ihren Füßen oder auf Ihren Schoß fallen lässt, fordert er Sie dazu auf, mit ihm zu spielen, und zwar nach seinen Regeln. Das Lieblingsspiel eines herausfordernden Welpen ist es, seine Zieh- und Beißkraft gegen Ihre Haltekraft zu testen, und die leichteste Art, das zu tun, ist für ihn ein Tauziehen. Obwohl Sie in dieser Phase seines Lebens stark genug sein werden, um die meisten Kämpfe zu gewinnen, wird er mit zunehmender Größe stärker werden und eines Tages vielleicht in der Lage sein zu gewinnen. Er wird Ihnen das Spielzeug zeigen und dann als Einladung zum Kräftemessen den Kopf abwenden. Wenn ein Besitzer während des Spiels das Spielzeug loslässt, sei es absichtlich oder unbeabsichtigt, wird ein herausfordernder Welpe, der triumphierend mit dem Spielzeug abzieht, wahrscheinlich glauben, gewonnen zu haben. Weil sein Selbstbewusstsein durch den Erfolg gestärkt wurde, wird er ab jetzt öfters versuchen, Sie zu testen.

Die Führung herausfordern

Wenn Sie einem herausfordernden Welpen einen Ball werfen, dann wird er wahrscheinlich hinterher rennen, aber sobald er ihn hat, wird er damit weglaufen oder ihn in einiger Entfernung von Ihnen fallen lassen. Auf diese Weise stellt er Ihren Führungsanspruch in Frage. Wenn er einen Knochen zwischen den Pfoten hat und dabei besitzergreifend knurrt, zeigt er ebenfalls Konkurrenzverhalten. Andere Anzeichen für den Wunsch, mit Ihnen zu konkurrieren, sind Bonuspunkte wie etwa, oben auf der Treppe zu liegen oder aufs Sofa zu springen, um mit Ihnen auf derselben Ebene zu sein. Dieses Dominanz- oder Statusstreben sollte korrekt behandelt werden.

Andere problematische Anzeichen

Manchmal äußert sich herausforderndes Verhalten bei Welpen in subtileren Formen wie in beständigem Ungehorsam. Ein charakteristisches Anzeichen ist es, wenn ein Welpe nur selektiv auf das Herbeirufen hört. Problematisches Verhalten tritt oft auf, wenn der Adrenalinspiegel (beeinflusst durch Erregung und Aufmerksamkeit) einen Höhepunkt erreicht. Dies ist gewöhnlich kurz vor oder während Spaziergängen der Fall oder wenn Besucher kommen und gehen.

FRAGEN UND ANTWORTEN: HERAUSFORDERN

Warum verhalten sich einige Welpen herausfordernd und andere nicht?
Forschungen legen nahe, dass innerhalb der ersten acht Lebenswochen alle gesundheitlichen Probleme, Zuchtfehler oder Versäumnisse in der Beziehung zu Menschen, Geschwistern oder anderen Hunden asoziales Verhalten in einem jungen Hund auslösen können.

Wie kann ich mit asozialem Verhalten umgehen?
Wenn er nicht gehorcht oder einen Gegenstand nicht hergeben will, gehen Sie in einen anderen Raum, holen ein quietschendes Spielzeug hervor, so dass er neugierig wird und abgelenkt ist. Dann rufen Sie Ihren Hund zu sich und geben ihm den Befehl »Sitz!«. Belohnen Sie seinen Gehorsam mit einem Tätscheln. Wenn er Sie beim Spielen mit einem Spielzeug herausfordern will und knurrt, benutzen Sie das akustische Signal in einem anderen Raum, wenn Sie es entfernen wollen. Sobald er kommt und von seinem Spielzeug abgelenkt ist, lassen Sie ihn in dem Raum, sammeln das Spielzeug im anderen Raum ein und behalten es unter Kontrolle.

Wie kann ich sicher stellen, dass mein Hund weiß, dass ich der Rudelführer bin?
Geben Sie ihm zu Ihren Bedingungen Aufmerksamkeit, was einschließt, dass Sie zuerst durch Türen gehen und als erstes essen. Tun Sie in Gegenwart Ihres Welpen so, als würden Sie von seinem Futter essen, bevor Sie ihn füttern. Verbieten Sie ihm, mit Ihnen auf Sofas zu liegen, wo er versucht wäre, sich über Sie zu erheben. Wenn Ihr Welpe beim Spaziergang an der Leine zieht, ordnen Sie an, dass er stehen bleibt und sich setzt, bevor Sie weitergehen. Er wird lernen, dass das Ziehen an der Leine »stopp« bedeutet, gutes Betragen aber »weitergehen«.

Linke Seite: Hunde genießen es, ihre Besitzer und ihre eigenen Kräfte bei Zerrspielen auf die Probe zu stellen.

Links: Auch Zwerghunderassen können einen Besitzer herausfordern, indem sie einen Ball im Maul behalten und nicht wieder herausrücken.

Stehlen

Ein Welpe wird instinktiv und hemmungslos Momente des Chaos ausnutzen, wie unerwartet eintreffende Besucher, auch zieht er aus allen Schwächen, die Sie, Ihre Familie oder Ihre Freunde zeigen, seinen Vorteil. Dabei ist er nicht etwa garstig oder böse, nein, ihr Hund versucht einfach nur zu bekommen, was er will, und dazu setzt er alle Mittel ein.

Herumstöbern nach Futter und anderen Zielobjekten

Welpen wissen nicht, wo, wie, warum oder wann sich eine Chance auf einen aufregenden Fund bietet, aber sie sind normalerweise klug genug, um sie zu nutzen.

Die Hauptziele Ihres Hundes für unangebrachtes Suchen nach Essbarem bzw. Stehlen werden unbewachte Lebensmittel sein. Ziele können aber auch nicht essbare Dinge sein, wobei die beliebtesten Gegenstände Sportschuhe, Pantoffeln, Socken, Handtücher, Halstücher, Taschentücher und Fernbedienungen sind. All diese Haushaltsgegenstände haben Ihren Körpergeruch. Ihr Hund wird mit dem gewählten Objekt davonrennen und wird es Ihnen vielleicht sogar zeigen in der Hoffnung, dass Sie hinter ihm her rennen.

Belohnungen ernten

In diesen Situationen ist ein Welpe einem ungezogenen Kind nicht unähnlich, und er wird sich vielleicht sogar schlecht benehmen, nur um eine Reaktion von Ihnen oder Ihren Gästen zu bekommen. Gelegentlich mag Ihr Welpe vielleicht ein Drama auslösen, und manchmal wird er Sie vielleicht frustrieren oder sogar wütend machen. Das macht das Spiel für ihn nur umso erfolgreicher. Einige Welpen stellen ihre Besitzer von Natur aus auf die Probe, um ihren Rang innerhalb des Menschen-Hunde-Rudels auszuloten.

Oben links: *Hunde »stehlen« gern persönliche Gegenstände ihres Besitzers, da daran der Geruch des menschlichen Rudelmitglieds haftet und sie sich mit ihm verbunden fühlen.*

Rechts: *Viele Arbeitshunderassen lieben es, Gegenstände ihrer Besitzer zu apportieren, aber es ist wichtig, dieses Verhalten nicht durch Aufmerksamkeit zu belohnen.*

FRAGEN UND ANTWORTEN: HERUMSTÖBERN FÜR AUFMERKSAMKEIT

Was mache ich, wenn mein Welpe stiehlt?
Es ist wichtig, dieses Verhalten nicht zu einem Spiel werden zu lassen, indem Sie hinter ihm her jagen, weil dies für ihn nur bedeuten würde, dass Sie bei seinem Spiel mitmachen. Sagen Sie immer »Nein« oder, noch besser, verwenden Sie Trainings-Disks, die er bereits mit dem Entfernen eines Belohnungshappens assoziiert, um ihm zu signalisieren, dass Sie nicht erfreut sind über sein Verhalten (siehe Seite 75). Dann verwenden Sie eine an Lob gekoppelte Pfeife, und bieten Sie ihm ein Leckerchen zur Belohnung an, wenn Ihr Welpe zu Ihnen kommt (siehe Seite 75). Auf das Angebot einer Spielgelegenheit zur Ablenkung, wie das Geräusch eines quietschenden Spielzeugs in einem anderen Raum, wird er normalerweise schnell reagieren. Um die Botschaft zu verstärken, legen Sie absichtlich einen unangemessenen Gegenstand in sein Sichtfeld, und wenn er ihn ins Maul nehmen will, nutzen Sie das Geräusch der Trainings-Disk, damit er sein Verhalten mit einem Geräusch in Verbindung bringt, das ihm nicht gefällt.

Sollte er wissen, dass ich böse auf ihn bin?
Es ist sehr wichtig, dass Sie durch sein natürliches Verhalten nicht wütend werden. Denken Sie daran, dass Sie seine Geisteshaltung mit Hilfe von Psychologie ändern und in eine kontrollierte Situation umwandeln können, indem Sie ihn ablenken. Die beste Methode ist es, Trainings-Disks zu verwenden (siehe Seite 75) und dann die »Belohnungspfeife« (siehe Seite 75) ertönen zu lassen, alternativ können Sie die Hundeleine hervorholen oder mit einem Futterbeutel rascheln. Wenn diese Handlungen beiläufig geschehen wird er bereitwillig zu Ihnen kommen.

Kastrieren

Es hat einmal eine Bewegung unter Tierärzten gegeben, die es befürwortete, junge Hunde aus gesundheitlichen Gründen zu kastrieren, aber inzwischen werden auch viele ältere Hunde aufgrund von Verhaltensproblemen kastriert. Doch die Gesamtauswirkungen dieses Eingriffs sind nicht immer offensichtlich, und die Operation kann sogar zu weiteren Komplikationen führen.

Auswirkungen auf Rüden und Hündinnen

Das Durchschnittsalter für eine Kastration liegt für Rüden bei sechs Monaten, wohingegen eine Hündin nach ihrer ersten Läufigkeit kastriert oder sterilisiert werden kann. Die Kastration eines Rüden ist für einen erfahrenen Tierarzt kein komplizierter chirurgischer Eingriff. Bei einer Hündin ist die Operation viel komplexer, besonders wenn nicht sterilisiert wird (= Durchtrennen der Eileiter), sondern kastriert wird (= Entfernung der Fortpflanzungsorgane, d. h. Eierstöcke, Eileiter und evtl. auch Gebärmutter).

Normalerweise wirkt sich die Kastration auf einen Rüden unmittelbar aus. Da sein Testosteronspiegel sinkt, wird er nicht mehr auf der Suche nach läufigen Hündinnen herumstreunen wollen, was andernfalls zu einem Hauptthema werden kann, da ein Rüde den Duft einer läufigen Hündin über beträchtliche Distanz erschnuppern kann. Auch alle deplazierten Besteigungsversuche werden aufhören (siehe Seite 70–71).

Die Kastration von Hündinnen behebt in der Regel verdrängtes Nistverhalten, bei dem ein weiblicher Hund anfängt, zu Hause in den Ecken herumzuscharren und dann, wenn der natürliche Hormonwechsel sie zur Paarung bereit macht, nach männlichen Tieren Ausschau zu halten oder sie herauszufordern. Auch kann es dann zu Ausbrüchen mütterlicher Aggression kommen, einer Form von Beschützerinstinkt.

Linke Seite: Wenn junge Hunde im Alter von etwa sechs Monaten kastriert werden, leiden sie weniger unter dem Eingriff als ältere Hunde.

Rechts: Bei diesen Welpen sind Anzeichen für eine sich entwickelnde Aggression zu sehen, die allerdings selten durch eine Kastration vermindert wird. Gleichwohl unterbindet die Operation das Umherstreifen auf der Suche nach einer Partnerin.

FRAGEN UND ANTWORTEN: KASTRATION

Wird mein Hund durch eine Kastration weniger aggressiv?
Die Aggressionsmechanismen und die »Angriff-oder-Flucht«-Reaktion hängen von der Ausschüttung von Adrenalin ab (siehe Seite 24–25), aber obwohl bei Rüden oft zuerst an eine Kastration als Mittel zur Behandlung von Aggression oder Dominanz gedacht wird, scheint die Operation den Adrenalinspiegel im Gehirn des Hundes nicht zu vermindern. Kastrierte männliche Hunde werden weiterhin besitzergreifendes Verhalten bis zu einer auf andere Hunde gerichteten (intraspezifische) Aggression zeigen. Eine ähnliche hormonelle Situation tritt bei Hündinnen auf, bei denen man glaubt, dass auf Angst gründendes aggressives Verhalten durch die höheren Östrogen- und Testosteronspiegel zu Beginn der Geschlechtsreife (im Alter von sechs bis zwölf Monaten) ausgelöst wird. Kastrierte Hündinnen zeigten trotz des Eingriffs weiterhin angstbasierte Aggressionen gegenüber anderen Hündinnen.

Gibt es gesundheitliche oder praktische Gründe?
Es gibt eine Reihe von Gründen, hauptsächlich gesundheitlicher Art, die für eine Kastration sprechen. Es heißt, dass die Lebenserwartung steigt, Nachteile sind dabei allerdings eine potenzielle Gewichtszunahme des Hundes und abnehmende Energie. Manchmal kommt es vor, dass sich bei einem Rüden die Hoden nicht natürlich senken. Hier gewährleistet der chirurgische Eingriff, dass dadurch keine Komplikationen entstehen. Als Argument für das Kastrieren von männlichen und weiblichen Hunden wird oft angeführt, dass hierdurch die Gefahr von Krebserkrankungen der Fortpflanzungsorgane und der Milchdrüsen verringert wird.

Für Besitzer von Hunden beiderlei Geschlechts kann die Kastration ein praktisches Mittel sein, um sicher zu gehen, dass ungewollte Paarungen ausgeschlossen sind. Kastrierte Hündinnen zeigen selten verdrängtes Nistverhalten (siehe oben), und dem Fortpflanzungsdrang, der mit wechselnden Hormonspiegeln zusammenhängt, wird durch die Operation völlig entgegengewirkt.

Ist es ratsam, eine Hündin einmal gebären zu lassen, bevor sie kastriert wird?
Es gibt keine körperlichen oder psychologischen gesundheitlichen Gründe, warum eine Hündin sich fortpflanzen und Junge haben sollte. Es gibt viele zufriedene Hündinnen, die nie einen Wurf Junge aufgezogen haben.

Verschobenes Sexualverhalten

Wenn Hunde sexuelles Interesse einem unangemessenen Zielobjekt gegenüber zeigen, so geht die Mär, dass es dabei nur um Frustration ginge. Oft wird versucht, das Problem zu lösen, indem man einem Rüden einmal erlaubt, eine Hündin zu decken, und einer Hündin, Welpen zur Welt zu bringen. Doch in Wirklichkeit gibt es Millionen von Hunden, die kein problematisches Sexualverhalten an den Tag legen, und die meisten von ihnen haben sich noch nie gepaart.

Hunde beiderlei Geschlechts können unangemessenes Besteigen oder verschobenes Sexualverhalten entwickeln, wenn sie die Geschlechtsreife erlangen. Wenn Besucher ins Haus kommen, so gibt es zunächst eine geschäftige und aufgeregte Phase, in der die Leute sich begrüßen, eingeschlossen einer Menge Körperkontakte und Körpersprache mit Umarmungen, Küssen und Händeschütteln. Inmitten dieser menschlichen Betriebsamkeit mag auch der Hund erregt werden.

Hormonschübe

Es gibt komplexe Einflussfaktoren und eine Reihe von Auslösern für diese besondere Art des angeborenen oder genetisch beeinflussten Verhaltens. Der erste bekannte Einfluss ist der natürliche Hormonschub von Testosteron und Östrogen, der bei beiden Geschlechtern aller Rassen auftritt, wenn sie die Geschlechtsreife erreichen. Wann genau ein Hund geschlechtsreif wird, ist von Rasse zu Rasse unterschiedlich – einige kleinere Rassen erreichen die Geschlechtsreife schon im frühen Alter von sieben Monaten, während größere Rassen oft längere Reifezeiten bis hin zu zwölf Monaten brauchen.

Einzelne Hunde erfahren vielleicht einen ungewöhnlichen Schub dieser Hormone in einer Frühphase ihrer körperlichen Entwicklung, der ein Reflexverhalten (unwillkürliches Verhalten) auslöst, das zur Paarung oder zum »Besteigen« führt. In Abwesenheit eines anderen Hundes bietet vielleicht der Besitzer oder ein Besucher (der als Teil des Menschen-Hunde-Rudels gesehen wird) ein Ventil für die normale sexuelle Entwicklung. Da es grundlegende körperliche Unterschiede zwischen Mensch und Hund gibt, am offensichtlichsten die Größe, bietet das menschliche Bein dem Hund wahrscheinlich den einzigen praktischen Zugang für sein Verhalten.

Oben: *Sogar junge Hunde wie dieser Welpe können unangebrachtes sexuelles Verhalten zeigen, wenn ihre sexuelle Reifung einsetzt.*

PROBLEMATISCHE FÄLLE

Das Problem verschobenen Sexualverhaltens kann auch in Fällen einer Besitzerin mit einem männlichen Hund beobachtet werden oder bei einer dominanten Hündin, die die Führungsrolle ihrer Besitzer in Frage stellt. Eine Hündin, die dieses Verhalten zeigt, fordert ihre Besitzerin beständig heraus, indem sie Spielzeuge nicht hergeben will, über ihrem Futter stehend knurrt und sich beispielsweise auf dem Sofa oder auf den Treppenstufen breit macht.

Überstimulierung

Ein verschobenes Sexualverhalten mag auch mit einer Überstimulierung des Gehirnbereichs zusammenhängen, der für die sexuelle Entwicklung im frühen Leben eines Welpen zuständig ist. Diese gesteigerte Stimulation könnte durch einen Hormonschub während der Schwangerschaft stattgefunden haben. Ein plötzlicher Anstieg kann auch ausgelöst werden, wenn erwachsene Hunde in der Umgebung des Welpen Dominanzverhalten durch Besteigungs- bzw. Paarungsversuche im Sichtbereich zum Welpen zeigen.

Suchterzeugender Einfluss

Es gibt ein süchtig machendes Element für verschobenes Sexualverhalten insofern, als die natürliche Ausschüttung von »Belohnungschemie« bzw. Hormonen wie Dopamin (ausgelöst durch Vorfreude) und Serotonin (Belohnung) gleichzeitig produziert werden. Diese hormonelle Stimulierung (die das Lustzentrum im Gehirn des Hundes stimuliert) löst dann den Reflex zum Besteigen aus.

Einflüsse von Hunden und Menschen

Verständlicherweise zieht das verschobene Sexualverhalten eines Hundes oft verstärkt die Aufmerksamkeit des Besitzers auf sich. Sie erteilen ihren Hunden einen Verweis, sie lachen über sein Verhalten oder schreien ihn an, wenn sie Opfer seiner unangebrachten Besteigungsversuche werden. In den frühen Monaten im Leben eines Welpen kann diese Art von dramatischer Reaktion, Intervention oder Aufmerksamkeit die sexuelle Erregung fördern oder verstärken. Auch ist bekannt, dass verschobenes Sexualverhalten auch dadurch ausgelöst wird, dass ein Welpe menschlicher oder hündischer Aggression oder beständig den mit Dominanzverhalten zusammenhängenden Aggressionen seiner Wurfgeschwister oder eines anderen Hundes ausgesetzt ist.

Unten: Hunde können auch Besteigungsverhalten an den Tag legen, um ihre Dominanz durch das Stehen über einem Rivalen zu zeigen.

Erziehung

Wenn Ihr Welpe gehorsam, ruhig und lenkbar ist, wird er sogleich jedermanns Freund. Die Erziehung eines Welpen ist normalerweise unkompliziert, gleichwohl kann sie bei großen und ungestümen Rassen eine größere Herausforderung darstellen.

Assoziationen schaffen

Sie können einem Welpen von den ersten Tagen an beibringen, auf »Komm her!« zu hören. Er wird wegen des fröhlichen oder enthusiastischen Tons Ihrer Stimme beim Rufen seines Namens wissen, dass Sie zufrieden mit ihm sind. Seine Belohnung kann ein begeistertes Streicheln oder Tätscheln sein und ein Lob. Wenn Sie ihn immer wieder beglückwünschen, wird er schnell »Komm her!« mit Aufmerksamkeit und Lob assoziieren. Sie können dann einige einfache Ausbildungsbefehle einführen. Doch denken Sie immer daran, dass es nicht die tatsächlichen Worte sind, die er versteht, sondern der Klang und alle direkt damit verbundenen Handlungen oder Ereignisse. Wenn er »Gassi« hört, bevor Sie die Leine an seinem Halsband festmachen, wird er lernen, den Klang »ss« mit dem Versprechen auf einen Spaziergang zu assoziieren.

Problematische Welpen

Welpen, die nichts mehr genießen, als ihren Besitzer herauszufordern, ignorieren schon mal jegliche Befehle und finden immer etwas anderes zu tun. Hier können Motivation und ein paar Leckerbissen helfen. Wenn Ihr Welpe auf die Aufforderung »Komm her« nicht reagiert, versuchen Sie es damit, wegzugehen – das wird er nicht erwarten. Wenn die Ausbildung sich als schwierig herausstellt, führen Sie im Gehorsamstraining Belohnungsleckerbissen ein oder probieren es mit dem Klicker oder der Belohnungspfeife (siehe Seite 74–75).

Verstärkungsstrategien

Ihr Welpe wird Kommandos wie »Sitz!« besser verstehen, wenn sie in tiefer Stimmlage gegeben werden. Wenn Sie Ihre Hand mit einem Leckerchen vor sich hochhalten, wird er sich vielleicht ganz von allein setzen in der Hoffnung, es zu bekommen. Dies ist der Moment, um »Sitz!« zu sagen und ihn sehr zu loben. Das Timing bei dieser Interaktion wird ihn

Oben: Loben und streicheln Sie den Hund immer für seinen Gehorsam, denn dies wird eine positive Verstärkung für ihn sein und ihn ermuntern, auf alle Anweisungen zu reagieren.

ermuntern, beim nächsten Mal schon zu reagieren, wenn er das Wort »Sitz!« hört. Wenn Ihr Welpe sich nicht auf Anweisung setzt, kann es sein, dass er Ihren Führungsanspruch herausfordert (siehe Seite 64–65).

Er wird Ihre Mimik ständig beobachten in dem Versuch zu verstehen, was Sie von ihm wollen, also unterstützen Sie Ihre Anweisungen mit Handsignalen wie:

»Komm!« – Winken Sie ihn mit der Hand heran oder klopfen Sie auf Ihre Knie.

»Sitz!« – Halten Sie Ihre Hand mit der Handfläche nach unten vor ihn.

»Platz!« – Zeigen Sie auf den Boden und ziehen ihn von der Sitzposition in die liegende Position.

»Lauf!« – Zeigen Sie mit Ihrer Hand nach vorn.

»Bei Fuß!« und **»Bleib!«** – Halten Sie Ihre Hand seitlich an Ihrem Körper bzw. halten Sie ihn mit der Hand nieder.

Während des frühen Leinentrainings führen Sie Kommandos wie »Stopp!«, »Sitz!«, »Bei Fuß!« und »Warte!« ein und belohnen ihn mit Leckerchen, wenn er angemessen reagiert. Wenn Ihr Welpe es beim Spazierengehen nicht schafft, an Ihrer Seite zu bleiben, sondern zieht, befehlen Sie ihm mit klarer, fester Stimme »Bei Fuß!« und ziehen ihn näher an Ihre Seite. Sobald er reagiert hat, geben Sie die Anweisung »Sitz!« und gehen erst dann weiter, wenn er gehorcht hat. Ihr Welpe wird schnell lernen, dass er mit Ziehen nicht weiterkommt und Ihre Kontrolle akzeptieren muss.

Positive Verstärkung

Ihr Welpe wird immer am besten lernen, wenn ihm die Lektionen Spaß machen. Wenn er spürt, dass Sie verärgert oder enttäuscht sind, wird er bald entmutigt sein zu reagieren. Ein Welpe braucht unter Umständen eine Reihe von Versuchen, um ein neues Kommando zu begreifen. Er versteht vielleicht nicht immer genau, was Sie von ihm wollen, und jegliche Frustration oder Enttäuschung Ihrerseits wird ihn nur noch mehr durcheinander bringen. Belohnen Sie ihn immer mit einem Leckerchen, loben und streicheln Sie ihn, wenn er korrekt reagiert.

Es ist äußerst wichtig, dass Sie Ihren Welpen nicht aggressiv anschreien oder schlagen, denn dies wird als Konflikthandlung innerhalb des Rudels interpretiert. In einigen Fällen wer-

SOLLTE ICH MIT MEINEM WELPEN DIE HUNDESCHULE BESUCHEN ODER IHN ZU HAUSE TRAINIEREN?

Hundeschulen können Ihrem Welpen bei der Sozialisierung mit anderen Hunden helfen. Vorausgesetzt, dass die Kurse Ihnen und Ihrem Welpen Spaß machen und sich für Sie beide lohnen, sind die Vorteile offensichtlich. Wie dem auch sei, einige der besten Lektionen lassen sich auch zu Hause oder im Garten mit Hilfe von Apportierspielen durchführen.

den solche Ausbrüche des Besitzers vielleicht sogar allgemeines Misstrauen, Aggression oder Nervosität beim Hund befördern. Problematisches Verhalten sollten Sie immer in einem scharfen, tief gesprochenen »Nein« signalisieren oder mit Trainings-Disks (siehe Seite 75).

Unten: Die meisten Hunde genießen ihre Lektionen, wenn als Belohnung für den Erfolg einen Leckerbissen bekommen.

Oben: *Dieser Deutsche Schäferhund trägt ein Empfängerhalsband, das mit Zitronenduft gefüllt ist. Mit Hilfe eines Funksenders kann der Besitzer Sprühstöße auslösen, um das Verhalten des Hundes zu unterbrechen.*

Erziehungshilfsmittel

Mit den verschiedenen Hilfsmitteln können Sie Ihren Hund schulen und veranlassen, sein problematisches Verhalten zu ändern. Im Wesentlichen geht es dabei um positive Verstärkung oder negative Assoziation.

Ferngesteuertes Erziehungshalsband

Dies ist ein Hilfsmittel, das in der Behandlung problematischen Verhaltens mit Abneigung arbeitet, indem beim Hund eine Assoziation zwischen einem negativen Ereignis und einer (vom Besitzer als unerwünscht betrachteten) Tätigkeit erzeugt wird. Durch Knopfdruck ertönt an dem speziell angepassten Halsbandteil ein Piepton. Wenn Ihr Hund nicht darauf reagiert, wird mit Hilfe des zweiten oder dritten Knopfes ein kurzer oder längerer, kräftiger Strahl Zitrusduft versprüht. Dieser Geruch ist für den Hund mit seiner feinen Nase so unangenehm, dass er sein Verhalten unterbricht. Er wird den Geruch schnell mit seinem Verhalten assoziieren, und als Folge davon wird er dieses Verhalten ablegen. Die meisten Halsbänder können über eine Entfernung von bis zu 300 m aktiviert werden, sobald der Hund sich unsozial oder sonst wie unerwünscht verhält.

Klicker

Dieses einfache Hilfsmittel besteht aus einem daumengroßen Plastikteil mit einer dünnen Metallschicht, die, wenn sie gedrückt wird, ein doppeltes Klick-Geräusch von sich gibt. Anfangs mit Belohnungshappen in Verbindung gebracht, wird dieses Geräusch als Signal für eine Belohnung genutzt, um erwünschtes Verhalten zu verstärken.

Die wissenschaftliche Basis des Klicker-Trainings ist als klassische Konditionierung bekannt und geht auf Professor Pawlow zurück und sein berühmtes Experiment von »Assoziierung und Auswirkung«. Bei seinen Laborhunden erzeugte er eine Assoziation zwischen dem Ertönen einer Glocke und dem Füttern, die danach so wirksam wurde, dass der Glockenton (ein künstlicher Hinweis) bei den Hunden bereits in Erwartung des Futters Speichelfluss (eine natürliche Reaktion) auslöste, selbst wenn kein Futter gereicht wurde. Auf die gleiche Art wird das Geräusch des Klickers in das Gehirn des Hundes eingebettet, wenn er ihn mit einem besonderen Belohnungshappen assoziiert, und im Laufe der Zeit wird der Doppelklick selbst zur Belohnung, und so kann das Signal ohne Futter eingesetzt werden, um gutes Verhalten zu belohnen.

Es ist ratsam, den Klicker bei Hunden zuerst in einer kurzen Lektion in Haus oder Garten einzuführen. Rufen Sie den Hund bei seinem Namen, fordern Sie ihn auf, sich zu setzen und betätigen Sie den Klicker, sobald er reagiert und sich hinzusetzen beginnt. Nachdem der Klicker ertönt ist, geben Sie Ihrem Hund einen Belohnungshappen. Zuerst sollte die Belohnung, die mit den Geräusch des Klickers verbunden wird, futterbasiert sein, aber irgendwann sollte sie durch ein Tätscheln oder ein verbales Lob wie »Guter Hund!« ersetzt werden. Um die Assoziation zum Futter aufrecht zu erhalten, kann man den Klicker kurz vor der täglichen Fütterung drücken.

Belohnungspfeife

Eine Schulungspfeife kann man verwenden, um die Aufmerksamkeit des Hundes zu gewinnen und ihm zu helfen, angemessen auf Anweisungen zu reagieren. Genau wie beim Klicker beginnen Sie, das Ertönen der Pfeife mit einem besonders leckeren Belohnungshappen in Verbindung zu bringen, verbunden mit Aufmerksamkeit und viel Aufhebens. Die Belohnungspfeife sollte in der Anfangszeit zufällig rund um Haus und Garten eingesetzt werden, so dass Ihr Hund sie nicht mit einem bestimmten Ereignis wie Spaziergängen oder Fütterungszeiten in Verbindung bringt. Stehen Sie in einem anderen Raum als ihr Hund, dann lassen Sie die Pfeife ertönen. Sobald er zu Ihnen kommt und sich hinsetzt, belohnen Sie seinen Gehorsam entweder mit einem besonderen Leckerbissen oder einem Lob und einer Spielrunde. Jegliches Wohlverhalten kann dann mit einem Klicken und einer Belohnung signalisiert werden. Auf diese Weise wird für Ihren Hund die Belohnungspfeife das Versprechen auf ein Klicken und eine Belohnung sein, wenn er sofort auf das Geräusch reagiert.

Trainings-Disks

Dieses Hilfsmittel, entwickelt vom verstorbenen John Fisher und inzwischen verkauft als Mikki Dog Training Disks, besteht aus fünf tamburinähnlichen Messingscheiben, etwa 5 cm im Durchmesser, zusammengehalten durch eine Kordel. Wenn sie sanft geschwenkt werden, machen sie ein sehr charakteristisches Geräusch. Genau wie der Klicker werden die Trainings-Disks als akustisches Signal verwendet, aber in diesem Fall für eines, das mit der Wegnahme einer Belohnung in Verbindung gebracht wird, das heißt also für das genaue Gegenteil des Klickers. Sobald ein Hund das Geräusch der Trainings-Disks mit der Wegnahme eines Belohnungshappens assoziiert hat, können damit leicht viele einfache Problemverhaltensweisen wie Anspringen, Knurren und Beißen behandelt werden.

Unten: Der Klicker kann, sobald er einmal mit Belohnungshappen assoziiert ist, von allen Familienmitgliedern verwendet werden, um richtiges und gehorsames Verhalten zu signalisieren.

Zu Hause

Interaktives Verhalten

Der Hund ist ein soziales Lebewesen und will mit Ihnen interagieren. Wenn Sie eine Menge Zeit und Energie haben, kann sein gesamtes Aufmerksamkeitsbedürfnis gestillt werden. Er wird wahrscheinlich mit kleinen Kindern und älteren Familienmitgliedern anders umgehen, weil sie seine Grundbedürfnisse weniger erfüllen. Sein stärkster Wunsch nach Aufmerksamkeit richtet sich gewöhnlich auf diejenigen, die ihn füttern und regelmäßig ausführen.

Das Bedürfnis nach Aufmerksamkeit

In der Sozialstruktur des Rudels, auf die das Gehirn Ihres Hundes genetisch programmiert ist, liegt wahrscheinlich das Geheimnis für millionenfach erfolgreiche Beziehungen zwischen Mensch und Hund rund um die Welt. Ihr Hund muss Teil einer sozialen Gruppe sein, und Ihre Familie ähnelt auf vielerlei Weise der Struktur eines Hunderudels. Es gibt gewöhnlich ein oder zwei Menschen, die jeder Familie vorstehen, genauso wie das Hunderudel vom Alpha-Rüden und der Alpha-Hündin angeführt wird. In den meisten Familien gibt es Menschen unterschiedlichen Alters und Geschlechts, die gemeinsam wohnen, essen, schlafen und Spaß haben, und ein Hund findet gewöhnlich seinen Platz darin und blüht inmitten dieses geschäftigen menschlichen Treibens auf.

Zu Hause folgt er Ihnen vielleicht und rennt nach einer Zeit der Abwesenheit auf Sie zu. Sobald Sie sich gesetzt haben, legt er sich zu Ihren Füßen hin oder ruht sich, wenn er darf, neben Ihnen auf dem Sofa aus.

Spielzeug zur Interaktion

Sobald ein Hund ein Spielzeug ins Maul genommen hat, ist es mit seinem Geruch markiert und gehört deshalb ihm. Wenn Ihr Wohnzimmerboden mit solchen Spielzeugen übersät ist, hat Ihr Hund wahrscheinlich ein bestimmtes Lieblingsspielzeug und nimmt es zuerst ins Maul nehmen, um es Ihnen bei der Begrüßung zu zeigen. Er zeigt vielleicht nur dann Interesse an einem Spielzeug, wenn Sie versuchen, es zu greifen und ihm dabei zuvorzukommen. Bei den milderen Formen konkurrenzorientierten Verhaltens zwischen einem Hund und seinem Besitzer wird der Hund gewöhnlich immer das wollen, was der Besitzer hat, und oft mit Zerrspielen beginnen.

Ihr Hund wird vielleicht warten, bis Sie mit etwas anderem beschäftigt sind und dann plötzlich mit seinem Spielzeug auftauchen, das er zu Ihren Füßen oder auf Ihren Schoß fallen lässt. Das macht er, weil er zuvor als Welpe gelernt hat, dass Sie in diesen Situationen vielleicht mit ihm interagieren. Einige Hunde entwickeln Besitzansprüche, indem sie ihre Spielzeuge in ihrem Körbchen verstecken und eindringende Familienmitglieder anknurren, oder sie benutzen sie, um den Führungsanspruch oder die Kraft ihrer Besitzer in Frage zu stellen (siehe Seite 64–65).

Linke Seite: Hunde werden sich absichtlich in der Nähe ihrer Besitzer aufhalten, während sie auf Interaktionen wie Spielen, Füttern oder Spaziergänge warten.

Rechts: Für viele Jagdhunderassen ist es natürlich, Spielzeuge im Maul zu tragen, wie sie es mit Beute tun würden. Einige nutzen dieses Verhalten, um die Aufmerksamkeit ihrer Besitzer zu gewinnen.

FRAGEN UND ANTWORTEN: STREBEN NACH AUFMERKSAMKEIT

Wie kann ich meinen Hund davon abbringen, ständig mit all seinem Spielzeug um Aufmerksamkeit zu betteln?

Indem Sie alles ignorieren, womit er um Aufmerksamkeit wirbt, es sei denn, er trägt das gewünschte Spielzeug im Maul. Sobald er dies tut, sollte er Ihre volle Aufmerksamkeit bekommen, und wenn er es fallen lässt, ignorieren Sie ihn wieder. Mit der Zeit sollte Ihr Hund lernen, dass das Halten des Spielzeugs das Mittel ist, um eine Reaktion von Ihnen zu bekommen. Vermeiden Sie die Verwendung dieses Gegenstands als interaktives Spielzeug, damit er es nicht mit Wettkampf assoziiert. Dieses Spielzeug sollte immer für Ihren Hund verfügbar sein, während Sie ihm den Zugang zu anderen, ungeeigneten Gegenständen verwehren. Bewahren Sie alle anderen Hundespielsachen in einer Kiste auf.

Bedeutet das Betteln um Aufmerksamkeit, dass er mehr von mir braucht?

Einige Hunde entwickeln vielleicht unsoziale oder ungesunde Verhaltensweisen, da sie gelernt haben, dass sie damit normalerweise die Aufmerksamkeit ihrer Besitzer verstärkt auf sich lenken können. Sobald von einem Familienmitglied eine Reaktion kommt, wird das Verhalten des Hundes dadurch verstärkt. Manchmal schließt das Betteln um Aufmerksamkeit Hyperaktivitäten ein, indem er beispielsweise an der Kleidung des Besitzers nagt oder ihn kratzt. In anderen Fällen nagt er vielleicht an seinen Pfoten oder an seinem Schwanz, oder er entwickelt zwanghafte Verhaltensweisen wie das Jagen nach dem eigenen Schwanz, ständiges Gebell und exzessive Fellpflege (siehe Seite 148–149).

Besucher und Besuche

Wir heißen Besucher ganz natürlich willkommen und mögen es, andere zu besuchen, und in dieser Hinsicht geht es Ihrem Hund ganz ähnlich. Jede neue Person, die zur Tür hereinkommt, ist ein Grund zur Aufregung, und er wird darauf seiner Persönlichkeit entsprechend reagieren. Extrovertierte Hunde werden voller Enthusiasmus sein, wohingegen ein schüchterner Hund sich vielleicht anfangs versteckt.

Enthusiastische Begrüßungen

Ihr Hund will ein Teil des Menschen-Hunde-Rudels sein und braucht mit Ihnen Interaktion. Wenn Besucher kommen, weiß er, dass es einen Wettstreit um deren Aufmerksamkeit geben wird, und so wird er normalerweise sein Bestes geben, all seine interaktiven Fähigkeiten unter Beweis zu stellen mit heftigem Wedeln von Schwanz und Hinterteil, jeder Menge Handlecken und vielleicht ein paar zum Spielen auffordernden Belllauten oder auch Anspringen.

Alle Besucher, die Ihr Hund schon lange Zeit kennt, werden mit besonderer Begeisterung begrüßt, da er sie wahrscheinlich als Teil seines erweiterten Rudels ansieht. Er wird vielleicht sogar sein Lieblingsspielzeug im Maul tragen, das als Grußkarte für Ihre Besucher fungiert, und dann geduldig warten, bis sie sich gesetzt haben, um ihnen sein Geschenk zu präsentieren. Der Hund sieht es als seinen Beitrag zum Rudelleben an, das »Wild« nicht zu fressen, sondern es in einem Akt der Unterwerfung abzutreten. Seit den frühen Tagen der Domestizierung wurde dieses Verhalten bei vielen Rassen gezielt herausgezüchtet, um sie für die Jagd tauglich zu machen.

Neue Orte auskundschaften

Der Besuch eines anderen Heims wird von einem Hund wahrscheinlich wie eine Art Ausflug zu einem Abenteuerspielplatz angesehen. Einige Hunde zeigen Erregbarkeit, wenn sie in ein anderes zu Hause mitgenommen werden, weil sie nach einer Reise oft schon in erregtem Zustand und mit hellwachen Sinnen ankommen. Ihr Hund wird darauf brennen, in jeder Ecke herumzuschnüffeln und jeden Flecken im Garten auszukundschaften. Die meisten Hunde werden ihre Markierung in einem anderen Garten in Form von Urin oder Kot hinterlassen. Dies ist Territorialverhalten, und wenn ein anderer Hund oder eine andere Katze in dem zu Hause leben, das Sie besuchen, so wird er wahrscheinlich emsig die Stellen, an denen sich schon Duftnoten befinden, übermarkieren.

Oben: Eine enthusiastische Begrüßung auf beiden Seiten, wobei die Hunde schwanzwedelnd um die Aufmerksamkeit der Besucherin wetteifern.

Rechts: Wenn Hunde eine neue Umgebung erkunden, urinieren sie oft, um mit ihrer Duftmarke eine Botschaft für andere Hunde zu hinterlassen.

WIE KANN ICH DEN ENTHUSIASMUS MEINES HUNDES GEGENÜBER BESUCHERN DÄMPFEN?

Eine Änderung hyperaktiven Verhaltens bei Hunden lässt sich erreichen, indem bestimmte Szenarien entworfen und immer wieder wiederholt werden. Bitten Sie dazu einen Freund, der mit Hunden vertraut sein sollte, die Rolle des Besuchers zu übernehmen, und vereinbaren Sie einen Termin, um am Verhalten Ihres Hundes zu arbeiten.

1 In dem Moment, wenn es an der Tür klingelt, geben Sie ein Signal für eine Belohnung (eine Pfeife, die bereits mit einem Leckerbissen in Verbindung gebracht wurde, siehe Seite 75, ein Tätscheln oder ein verbales Lob).

2 Rufen Sie Ihren Hund zu sich und konditionieren Sie eine kontrollierte Reaktion, das heißt, sobald er auf Ihr Herbeirufen reagiert und Ihre Anweisung, sich hinzusetzen, befolgt hat, belohnen Sie ihn mit einem Leckerbissen.

3 Wenn die Erregung Ihres Hundes unkontrollierbar ist, hindern Sie ihn mit einem Hundegitter am Kontakt mit dem Besucher. Das hilft, die Anfangsreaktion abzuschwächen.

4 Bitten Sie die »Hilfsperson«, Sie öfter zu besuchen oder sich Ihnen und Ihrem Hund zu nähern, so dass Sie mit Ihrem Hund trainieren können, dass er sich dabei setzt. So sind Sie nicht unter Druck, dass sich ihr Hund dazwischendrängt, wenn Sie sich um Ihren Besuch kümmern, und Sie müssen ihn auch nicht in ein anderes Zimmer sperren.

5 Erlauben Sie Ihrem Besucher, Ihrem Hund ein Leckerchen anzubieten, wenn er ruhig in Sitzposition geblieben ist. Wenn das aber hyperaktives Verhalten fördert, verwenden Sie einen Klicker (der bereits mit Leckerchen assoziiert ist), um eine Belohnung zu signalisieren (siehe Seite 74).

Oben: Die meisten Hunde blühen bei Apportierspielen mit ihren Besitzern auf, doch manche nutzen sie auch für eine Herausforderung.

Spielzeug

Hundespielzeug hat in der Natur seine Entsprechung in Beuteresten. In der Wildnis kann das Spielobjekt ein Knochen oder ein Stück Haut sein, in Ihrem zu Hause dient eine Vielzahl von Gegenständen als Ersatz. Es ist recht einfach, sicher zu stellen, dass Ihr Hund das Beste aus seinen Spielzeugen herausholt: Sie sollten nicht in seiner Obhut bleiben.

Spielzeug im Maul tragen

Die meisten Jagdhunderassen tragen gerne ein Spielzeug im Maul herum. Dieses Verhalten dient offensichtlich als Ersatz für das Tragen von getötetem Wild. Hinzu kommt, dass viele Hunde schnell begreifen, dass sie damit Aufmerksamkeit gewinnen. Wenn ein Hund Ihnen zur Begrüßung ein Spielzeug anträgt, dann macht er das, um Ihnen zu gefallen.

Die Kontrolle behalten

Spielzeuge sind für einen Hund wichtig, und es ist möglich, sie während des gemeinsamen Agierens positiv zu verwenden. Jedoch gibt es auch Hunde, die über ihrem Spielzeug besitzergreifend knurren, um den Führungsanspruch des Besitzers herauszufordern. Mit einem Spielzeug kann der Hund auch versuchen, Ihre Aufmerksamkeit auf sich zu lenken, wenn Sie keine Zeit für ihn haben.

Hunde, die ihre Besitzer körperlich herausfordern möchten, bevorzugen Zerrspiele. Die Spielzeuge, die für Zerrspiele entwickelt wurden, sollten nur gelegentlich benutzt werden. Denn sie können Ihren Hund ermutigen, seine Kräfte mit den Ihren zu messen. Kurze Spiele im Freien sind am besten, zum Beispiel mit einem Ball oder einer Frisbee-Scheibe.

Es ist wichtig, dass immer Sie solche Spiele beenden, indem Sie zum Beispiel sagen »Spiel vorbei«, mit dem Spielzeug in Ihrem Besitz, und es danach wieder in die Spielzeugkiste zurücklegen. Mit dem Wegnehmen des Spielzeugs demonstrieren Sie Ihre Dominanz bzw. Ihren Führungsanspruch, und wenn Sie Spielzeuge wegräumen und sie für den Hund nicht mehr verfügbar sind, kann er kein besitzergreifendes Verhalten entwickeln.

WAS IST, WENN MEIN HUND NICHT DARAN INTERESSIERT IST, SPIELZEUG ZU APPORTIEREN?

Manche Rassen sprechen besser auf Apportierspiele an als andere, aber mit Geduld und beständiger Ermutigung durch den Besitzer kann man den meisten Hunden beibringen, einem Spielzeug wie einem Ball, einem Knochen, einer Hantel oder einer Frisbee-Scheibe hinterher zu jagen und es zurückzubringen. Sobald es geworfen und erfolgreich wiedergeholt wurde, sollten Sie den Hund dazu bringen, sich hinzusetzen und es unverzüglich herauszugeben. Wenn er auf Ihren Ruf kommt, liebkosen Sie ihn, dann weisen Sie ihn an, sich für seine Belohnung hinzusetzen. Die Belohnung kann ein Streicheln, ein Lob oder ein Leckerbissen sein, zu Anfang auch eine Kombination aus allem. Während Ihr Hund leicht zu animieren ist, ein Spielzeug zu holen, gestaltet sich das Herausrücken etwas zäher und muss besonders gelobt werden.

Schnupperspiele

Die meisten Hunde haben Gefallen an Schnupperspielen, ob-wohl hochgradig geruchsorientierte Rassen wie Bloodhound, Dackel, Beagle und Basset mit größerer Begeisterung darauf reagieren als andere.

Beginnen Sie, indem Sie verschiedene Gegenstände ein-führen, besonders neue Spielzeuge, wobei Sie ein phoneti-sches Geräusch benutzen, wie »B« für Ball, »F« für Frisbee« oder »T« für Teddy, um jeden zu bestimmen. Zu Anfang mar-kieren Sie den Gegenstand, der vom Hund lokalisiert und zu-rückgebracht werden soll, mit einem stark riechenden Beloh-nungshappen. Werfen Sie dann die Gegenstände zusammen und kündigen Sie an, welches er zurückbringen soll. Belohnen sie ihn enthusiastisch, entweder indem Sie fröhlich »Ja« sagen oder einen Klicker drücken (siehe Seite 74), wenn er an dem-jenigen schnüffelt, den Sie markiert haben, und loben sie ihn für das Zurückbringen des richtigen Gegenstands. Wenn er mit dem falschen wiederkommt, sagen Sie freundlich »Nein« und fordern ihn auf, es noch einmal zu versuchen. Dies wird ihn ermuntern, eine Auswahl auf Basis Ihrer Anweisungen zu tref-fen, womit er eher mental als physisch herausgefordert wird. Geben Sie ihm viel Lob und Anerkennung, wenn er alles richtig macht, das ist sehr motivierend für ihn.

Unten: *Terrier lieben nichts mehr, als ihre starken Spürnasen zu benutzen. Dieser Hund freut sich auf ein Suchspiel, bei dem Leckerchen zwischen Kissen versteckt werden.*

Markieren und Bellen

Bei Spaziergängen durch heimatliches Territorium nutzen Hunde ihre Körperausscheidungen, um ihre Markierung zu hinterlassen, als Botschaft für andere Hunde, dass dieser Ort ihnen und ihrem Rudel gehört. Wenn Ihr Hund zu Hause bellt, will er Ihre Aufmerksamkeit auf etwas lenken, was er für gefährlich hält.

Territoriales Markieren

Ihr Hund zeigt vielleicht bei einem Spaziergang draußen ein besonderes Interesse für einen Grasflecken, auf den eine Hündin uriniert hat, weil er riechen kann, ob sie paarungsbereit ist oder nicht. Wenn er von dem Duft sehr stimuliert ist, hockt er sich vielleicht hin, um die Stelle mit seinem eigenen Urin überzumarkieren. Manche Hunde werden sich sogar darin wälzen, um den Duft mitzunehmen.

Analdrüsen-Duftmarkierung

Wilde Hunde benutzen ihre an jeder Seite der Analöffnung befindlichen Analdrüsen, um ihren Hinterlassenschaften eine moschusartige Extraduftnote zu geben. Forscher haben behauptet, dass die Analdrüsen bei domestizierten Hunden funktionslos sind. Doch immer wieder leiden einzelne Hunde an verstopften oder infizierten Analdrüsen. Es scheint einen Zusammenhang zu geben zwischen Hunden, die territorial unsicher sind (siehe unten) und der Aktivität der Analdrüsen. Oft müssen die Analdrüsen vom Tierarzt ausgedrückt werden, andernfalls riechen sie stark, und die betroffenen Hunde ziehen sich mit dem Hinterteil über den Boden und vollführen mit den Hinterbeinen dabei rudernde Bewegungen, was als Anzeichen eines Wurmbefalls missdeutet werden kann.

Territoriales Bellen

Bei domestizierten Hunden wurde das territoriale Bellen und Knurren durch selektive Zucht gefördert. Es tritt gewöhnlich rund ums eigene Haus auf und gilt potenziellen Gefahren. Auslöser ist häufig die Türklingel. Aspekte territorialer Aggression können bei den meisten Rassen beobachtet werden, aber besonders heftig treten sie bei ehemaligen Tierheimhunden und bei besonders unsicheren Individuen auf, die zu Terrier- oder Wachhunderassen wie dem Deutschen Schäferhund und zu Hütehunden, eingeschlossen Collies, gehören.

Hunde, die territoriale Unsicherheit zeigen, haben entweder einen Besitzerwechsel hinter sich oder sind umgezogen. Die meisten ehemals ausgesetzten oder früheren Tierheimhunde sind überwachsam und haben einen erhöhten Adrenalinspiegel in Folge des Doppeltraumas, von ihrem

Oben: Das Alarmbellen von Hunden ist Territorialverhalten und wird in der Natur dazu eingesetzt, um Rudelmitglieder (und Sie als Rudelführer) vor potenziellen Gefahren zu warnen.

Rechte Seite: Rüden setzen ihre Urinmarke so hoch wie möglich, womöglich damit ein anderer Hund denkt, dass sie viel größer sind als in Wirklichkeit.

Besitzer ausgesetzt und zusammen mit anderen, ständig bellenden Tierheimhunden untergebracht worden zu sein. Sie müssen sich dann in dem Territorium des neuen Besitzers behaupten, und dieser Wechsel führt häufig zu territorialem Bellen und Überabhängigkeit (siehe Seite 114–115).

Wiederholtes Bellen

Es richtet sich gewöhnlich auf Personen, die etwas Anliefern oder an der Tür klingeln, kann aber auch Joggern, Radfahrern oder vorbeifahrenden Autos gelten. Diese sich bewegenden Ziele bergen ein suchterzeugendes Potenzial, weil sie verschwinden, und der erleichterte Hund verbucht das auf sein Konto. Sein Bellen, wird also zuverlässig belohnt. Die auf das Bellen folgenden Hormonausschüttungen von Adrenalin, Dopamin und Serotonin scheinen die Nervenaktivität zu dominieren, daher verliert der Hund die Fähigkeit, Entscheidungen zu kontrollieren, die mit Stimuli und subjektiv empfundener Bedrohung zusammenhängen. Dies kann sich schließlich zu einer Zwangsstörung entwickeln (siehe Seite 148–149). Wiederholten Bellen während der Abwesenheit des Besitzers hängt mit einer Trennungsstörung zusammen (siehe Seite 118–121).

WIE KANN ICH MEINEN HUND VON UNMÄSSIGEM BELLEN ABHALTEN?

Vermeiden Sie Situationen, auf die Ihr Hund aufgeregt oder aggressiv reagiert. Dies kann früh morgens oder abends sein, aber auch nach der Postlieferung oder wenn Ihr Hund anderen Hunden oder Fremden begegnet. Es könnte auch der Fall sein, wenn er bei der Ankunft oder dem Weggang von Menschen aufgeregt oder nervös ist oder wenn er glaubt, dass es Konkurrenz für sein Territorium gibt oder wenn er nach Aufmerksamkeit strebt.

Lassen Sie nicht zu, dass er Fenster, Türen oder den Garten bewacht (siehe Seite 117). Wenn ein Hund im Garten bestimmte Ziele verbellt, müssen Sie vorübergehend seinen Zugang zum Garten einschränken. Wenn er mit dem Bellen fortfährt, lassen Sie Trainings-Disks, mit denen er bereits Assoziationen (Nichtbelohnung) hat, erklingen, und wenn er aufhört damit, drücken Sie den Klicker (Seite 74–75), ohne ihm Aufmerksamkeit zu geben.

Das richtige Futter

Eine unglaubliche Futterauswahl steht dem anspruchs-vollen Hundebesitzer heute zur Verfügung. Es ist nicht Ihr Hund, der das Futter kauft, doch wenn die Wahl an ihm wäre, welche Art Futter würde er wohl vor-ziehen?

ANPASSUNGSFÄHIGE FLEISCHFRESSER

Wenn Sie Ihrem Hund die Wahl zwischen einem Napf mit Lammfleisch und ein paar Äpfeln lassen würden, so ist recht offensichtlich, wofür er sich entscheiden würde. Hunde sind in erster Linie Fleischfresser, was klar an ihren wolfsähnlichen Zähnen zu sehen ist, und doch passen sie sich leicht daran an, Allesfresser zu sein.

Man weiß, dass Hunde in der freien Natur in Zeiten der Futterknappheit beinahe alles fressen, was irgendwie verdaulich ist. Beobachtungen von verwilderten Hunden in Italien deckten auf, dass einige Gruppen sich größtenteils von menschlichem Müll oder von Tierkadavern, die schon längst nicht mehr frisch waren, ernährten. Einige wurden gesehen, wie sie Hühner raubten oder nach kleineren Säugetieren gruben. Eine Gruppe machte sich die Jagd auf Fohlen zum Ziel, und ein anderes Rudel von acht Hunden riss eine große Anzahl Schafe. Es ist auch bekannt, dass Hunde Beeren von Sträuchern abfressen, nebenbei auch wirbellose Tiere zu sich nehmen, eingeschlossen Insekten, Spinnen und Käfer. Viele Hundebesitzer berichten von einer Vorliebe ihrer vierbeinigen Freunde für Gemüse, und zumindest ein Chihuahua ist bekannt für seine Fixierung auf rohe Karotten!

ERNÄHRUNG UND VERHALTEN

Bei einer Studie, die von der südafrikanischen Hundeverhaltensforscherin Glynne Anderson (siehe Seite 100) durchgeführt wurde, erhielten 1000 Hunde wegen Verhaltensauffälligkeiten, eingeschlossen Aggression, eine Futterumstellung von Hundefertignahrung zu rohem Fleisch. Anderson ermittelte, dass drei Viertel der an der Studie beteiligten Hunde allein schon nach der Futterumstellung Verbesserungen ihres Verhaltens zeigten. Andersons Meinung nach ist Nahrung die natürliche Droge der Natur, und sie vergleicht die Nahrung sogar mit Valium oder Prozac in ihrer Effektivität, bei der Beruhigung eines Hundes zu helfen und ihn dabei zu unterstützen, entspannter zu sein.

Genau wie die Forschungen über ADHS (Aufmersamkeits-Defizit-Syndrom) bei Kindern einen Zusammenhang zwischen Nahrungszusätzen in gesüßten Getränken und Nahrungsmitteln und dem Verhalten aufdeckten, glaubt man, dass Hunde ähnlich durch ihre Nahrung beeinflusst werden. Einige der Farbstoffe und Futterzusätze, die sich in den meisten handelsüblichen Hundefuttermarken finden, könnten hyperaktives Verhalten bei Hunden auslösen. Es gibt Experten, die der Ansicht sind, dass frisches, ungartes Fleisch (oder Futter, das nicht im Hinblick auf

Oben: Futter ist eine wichtige Energie-quelle, und die meisten Hunde werden eine Ernährung auf Fleischbasis, angereichert durch einige Frucht- und Gemüsesorten, gern mögen.

ein langes Regalleben haltbar gemacht wurde) weitaus besser als Fertignahrung ist. Hunde haben weniger Interesse an getrocknetem, verarbeitetem Futter, was vielleicht der Grund dafür sein könnte, wenn Ihr Hund seine gegenwärtige Ernährung, wenn sie ihm jeden Tag gereicht wird, wenig spannend findet.

WAS SOLLTE ICH MEINEM HUND ZU FRESSEN GEBEN?

Die meisten Hunde fressen alles, was Ihnen vorgesetzt wird, bis hin zu klinischen Anzeichen von Hyperphagia (einer zwanghaften Fressstörung); Fettsucht ist bei Hunden auf dem Vormarsch. Andere Hunde sind beim Fressen wählerisch, aber es ist schwierig zu beurteilen, ob dies daher kommt, dass sie die angebotene Nahrung nicht mögen oder weil mit diesem bestimmten Futter oder Futter allgemein eine negative Assoziation verbunden ist, etwa wegen übergroßer Futterkonkurrenz in der Wurfphase oder weil vom Besitzer Futter mit Strafe assoziiert wurde.

Die Fertignahrung für Hunde, sei es Trockenfutter oder Nassfutter, hat gegenüber einem einfachen Stück Fleisch den Vorteil, dass alle für die Gesundheit des Hundes notwendigen Stoffe ausgewogen enthalten sind, darunter wichtige Vitamine und Mineralstoffe. Eine Futterabwechslung kann durch das gelegentliche Untermengen von gekochtem Gemüse (z. B. Kartoffeln) mit etwas klein geschnittenem, blanchiertem Fleisch unter die normale Mahlzeit erreicht werden (siehe Seite 135). Ungekochtes Fleisch braucht länger, um verdaut zu werden, und eine größere Menge von Enzymen und Bakterien ist nötig, um rohes Fleisch zu verarbeiten. Man sagt, dass Hunde länger ruhen, nachdem sie rohes Fleisch gefressen haben.

Füttern

Die wichtigste Energiequelle für den Hund ist das Futter. In der Natur weiß der Hund nicht, wann und woher die nächste Mahlzeit kommt, und wenn sich die Gelegenheit bietet, mag ein Fressrausch folgen. Domestizierte Hunde haben sich an ein tägliches Fütterungsschema gewöhnt, doch selbst den wohlgenährtesten Hund wird eine neue Futterquelle begeistern.

Süße Ahnung

Immer wenn ein Hund Futter riecht, produziert er Speichel. Speichel macht nicht nur das Futter geschmeidiger und erleichtert den Weg die Kehle hinunter, sondern er enthält auch Enzyme und Bakterien, die bei der Zersetzung und Weiterverarbeitung im Verdauungssystem helfen. Ihr Hund kann nicht nur aus großer Entfernung Futter riechen, auch seine Ohren und Augen geben ihm Hinweise, dass Futter auf dem Weg ist.

Futterlangeweile

Nur wenige Hunde müssen heutzutage eine Aufgabe erfüllen, um gefüttert zu werden. Die sich dadurch entwickelnde Futterlangeweile kann bei Arbeitshunderassen zum Problem werden. Wenn ein Hund einfach fressen kann, wann es ihm passt, geht jeder potenzielle mentale, mit Futter verbundene Stimulus verloren. Wissenschaftliche Forschung hat ergeben, dass Hunde in ihrem natürlichen Zustand bis zu 50 Prozent all ihres aktiven Verhaltens damit zubringen, Beute aufzuspüren, ihr nachzustellen, sie zu jagen und zu fangen. Bei domestizierten Tieren haben sich all diese aktiven Verhaltensweisen, die in direkter Verbindung mit der wichtigsten Energiequelle stehen, gewöhnlich darauf reduziert, zum Futternapf zu schlendern und daraus zu fressen.

Oben: Speichel wird von Hunden als natürliche Reaktion auf einen Nahrungsstimulus produziert und spielt bei der Verdauung eine wichtige Rolle.

WIE KANN ICH MEINEN HUND VOM KNURREN ABBRINGEN, WENN ICH MICH SEINEM FUTTER NÄHERE?

Hunde können hinsichtlich ihres Futters konkurrenzorientierte oder besitzergreifende Aggression zeigen. Forschungen legen nahe, dass solches Verhalten ausgelöst werden kann, wenn es in einem großen Wurf zu viel Konkurrenz um das Futter gibt oder ein Welpe nicht die erforderliche Menge bekam. Einige Hunde lassen absichtlich etwas Futter zurück, um später zu den Überbleibseln zurückzukehren und Besitzgier zu demonstrieren. Sobald Ihr Hund mit dem Fressen fertig ist, entfernen Sie den Napf, selbst wenn er nicht alles aufgefressen hat. Wenn er nicht innerhalb von zehn Minuten das angebotene Futter gefressen hat, nehmen Sie den Napf weg und versuchen es später wieder anzubieten. Wenn Sie befürchten, dass er beim Wegnehmen des Napfes aggressiv wird, lenken Sie ihn ab und locken ihn in ein anderes Zimmer, bevor Sie den Napf entfernen.

Futtersuchspiele

Statt Ihrem Hund einfach sein Futter in einem Napf hinzustellen oder ihm Futterbröckchen zu geben, ohne irgendeine Leistung auf Seiten Ihres Hundes zu verlangen, sollten Sie ab und zu versuchen, die Nahrungsaufnahme mit einem Suchspiel interessanter zu veranstalten.

1 Sperren Sie den Hund zu Hause hinter ein Hundegitter oder eine Glastür, idealerweise mit Sicht auf den Bereich, in dem Sie das Futter verstecken werden (zum Beispiel im Garten).

2 Geben Sie abgemessene Mengen seiner normalen täglichen Futterration in Muffin-Förmchen aus Papier, Reispapierpäckchen oder halbgeschlossene Dosen oder Päckchen (nichts, was zu schwer zu öffnen wäre).

3 Nutzen Sie den Garten oder einen anderen geeigneten Ort bei Ihnen zu Hause, um mindestens die Hälfte der normalen

Oben: Verhindern Sie Futterlangeweile, indem Sie eine gesunde, abwechslungsreiche Kost anbieten und Ihren Hund zu Futtersuchspielen ermuntern.

Futterration zu verstecken. Beim ersten Spiel sollte mindestens eine der Portionen sehr leicht zu finden oder, wenn sie sich in halbgeschlossenen Päckchen befinden, leicht zugänglich sein.

4 Lassen Sie den Hund frei, so dass er sich auf die Suche nach dem versteckten Futter machen kann. Sagen Sie fröhlich »Ja«, drücken Sie den Klicker (siehe Seite 74) und fordern Sie den Hund auf, das Futter zu suchen. Wenn Ihr Hund in den falschen Ecken sucht, sagen Sie fest »Nein«. Es ist wichtig, gleich zu loben (oder einen Klicker und eine Pfeife als Belohnungssignal zu benutzen, siehe Seite 75), wenn ein Hund das Futter gefunden hat. Im Laufe der Zeit können immer weitere Verstecke hinzukommen.

Oben: Hunde genießen es selten, von ihren Familien getrennt zu sein, aber die meisten verstehen, dass der Besitzer zu ihnen zurückkommen wird.

Rechte Seite: Viele Hunde in Hundepensionen bellen in der ersten Zeit der Trennung sehr viel.

In der Tierpension

Wir können nur vermuten, was im Kopf eines Hundes vor sich geht, der in eine Hundepension gebracht wurde. Die Reise zum Zwinger stellt für den Hund wahrscheinlich eine Rudeljagd von Mensch und Hund dar, und er denkt vielleicht, dass sein Besitzer gegangen ist, um ohne ihn auf Futtersuche zu gehen.

Trennungsreaktionen

Forschungen legen nahe, dass Hunde ihre Besitzer vom Augenblick der Trennung an vermissen und dass Probleme beinahe sofort beginnen. Einige Hunde legen sich hin und warten geduldig darauf, dass ihr Besitzer wiederkommt. Andere bellen unaufhörlich, in der vergeblichen Hoffnung, dass ihr Besitzer zurückkehrt und ihre Beziehung fortsetzt. Andere Hunde kratzen und kauen an jedem verfügbaren Objekt, was eine natürliche Form der Stressbewältigung ist. Einige werden als emotionale Reaktion darauf, zurückgelassen worden zu sein, sofort urinieren.

Die Erfahrung lehrt einen Hund, der bereits mehrmals in einer Hundepension untergebracht wurde, dass sein Besitzer schließlich irgendwann wiederkommt. Ein Hund, der zum ersten Mal in einen Zwinger gebracht wird, muss sehr verwirrt über die Situation sein, in der er sich befindet. Abhängig von Alter und Persönlichkeit werden sich die meisten Hunde daran anpassen, vorübergehend in einer seltsamen Umgebung zu sein. Ein jüngerer Hund mit einer ausgeglichenen Persönlichkeit wird das am besten können. Ältere Hunde lieben den gewohnten Tagesablauf, der ihnen Sicherheit gibt, und können sich nicht gut auf Veränderungen einstellen. Sie nehmen wenig Nahrung zu sich und sehnen sich nach ihrem Besitzer. Die meisten Hunde haben genügend Fettreserven, und eine Woche des Fastens oder der verminderten Nahrungsaufnahme hat vermutlich eine positive Auswirkung auf die Gesundheit.

FRAGEN UND ANTWORTEN: HUNDEPENSION

Wie kann ich die Hundepension zu einer besseren Erfahrung für meinen Hund machen?

Vermeiden Sie viel Aufhebens, Gefühlsausbrüche und Augenkontakt auf der Fahrt zur Hundepension, um Ihre Ängste nicht auf den Hund zu übertragen. Versuchen Sie, alle notwendigen Formalitäten vorab zu erledigen, so dass Sie zügig wieder gehen können. Gefühlsausbrüche und wortreiche Erklärungen führen nur zu Verwirrung. Es ist ebenso ein Fehler, Ihren Hund vor der Trennung zu einem langen Spaziergang auszuführen, weil der Kontrast zwischen Ihrer An- und Abwesenheit dadurch nur hochgespielt wird. Ein altes, frisch parfümiertes Kleidungsstück von Ihnen (im Haus getragen oder worin Sie über Nacht geschlafen haben) kann als Trostdecke beim Hund bleiben.

Woran erkenne ich, dass ein Zwingeraufenthalt meinen Hund verstört?

Wenn Ihr Hund aus dem Zwinger zurückkehrt und seine normale Persönlichkeit selbst nach einigen Tagen zu Hause noch merklich verändert ist, ist das ein klares Zeichen dafür, dass es zu einem Zwingertrauma gekommen ist. Wenn er das Fressen verweigert oder sich zurückzieht, sich beispielsweise unter Betten oder anderen Möbelstücken versteckt, ist es ratsam, professionellen Rat Ihrer Tierklinik oder eines Tierverhaltenstrainers zu suchen, bevor dieses Verhalten zur Gewohnheit wird und sich verschlimmert.

Mein Hund ist nicht glücklich in Tierpensionen. Welche anderen Möglichkeiten gibt es?

Forschungen legen nahe, dass Hunde es vorziehen, an dem Ort zu bleiben, den sie kennen und an dem sie sich sicher fühlen, also können Sie ein Familienmitglied oder Freund bitten, während Ihres Urlaubs regelmäßig nach dem Hund zu sehen, ihn zu füttern und auszuführen. Jedoch ist es wichtig, ihnen zu raten, nicht zu viel Aufhebens um den Hund zu machen, weil es ansonsten zu übertriebener Anhänglichkeit kommen könnte. Übergeben Sie einen Plan mit Fütterungs- und Ausgehzeiten und sonstigen Informationen. In einigen Orten gibt es tierärztlich geprüfte Agenturen, die einen Hundesitterdienst anbieten. Eine weitere Alternative ist die Unterbringung im Haus eines Freundes. Auch eine Kombination von Familienunterbringung mit zusätzlicher Unterstützung durch einen kurzzeitigen, persönlichen Hundesitterservice ist möglich.

Umziehen

Wie Ihr Hund einen Umzug sieht, hängt von seiner Persönlichkeit ab. Im menschlichen Leben ist ein Umzug einer der größten Stressfaktoren. Jegliche Beunruhigung, die Sie empfinden, überträgt sich auf Ihren Hund. Gelassenheit ist deshalb der Schlüssel für einen reibungslosen Wohnungswechsel.

Reaktionen auf die Veränderung

Hunde mögen Veränderungen nicht mehr als die meisten Leute, aber einem neuen Territorium können sie entweder enthusiastisch oder ängstlich begegnen, abhängig von Alter und Persönlichkeit. Es ist nicht möglich, einem Hund zu erklären, warum, wie und wann ein Umzug stattfindet, aber Hunde haben ein Gefühl für den großen Tag. Sie bemerken,

Oben: Hunde werden ängstlich, wenn sie leere Zimmer in vertrauter Umgebung sehen. Um Stress vorzubeugen, bieten Sie Ihrem Hund einen eigenen Hundebereich mit seinem Schlafplatz sowohl im alten als auch im neuen zu Hause.

WIE KANN ICH MEINEM HUND DEN UMZUG ERLEICHTERN?

Je ruhiger Sie vor und während des Umzugs sind, desto besser ist es für Ihren Hund. Wenn professionelle Umzugshelfer beteiligt sind, ist es besser, eine kurzzeitige Hundezone einzurichten, als Ihren Hund für diese Zeit in eine Tierpension zu geben. Richten Sie diese Zone in einem kleinen Raum des Hauses ein, und schalten Sie das Radio ein. So schaffen Sie ihm einen Schlupfwinkel, eine ruhige und sichere Höhle, in die er sich zurückziehen kann. Bringen Sie ein Hundegitter im Türrahmen an, so dass er sehen kann, was vor sich geht, aber in Sicherheit vor potenziellen Gefahren ist, wenn der Umzugswagen beladen wird. Auch im neuen zu Hause richten Sie diese Hundezone ein, so dass die Möbelpacker ungehindert durch offene Türen gehen können, ohne dass der Hund im Weg steht.

Führen Sie Ihren Hund mehrmals am Tag kurz aus, statt ihn auf einen größeren Spaziergang mitzunehmen. Es ist ratsam, ihm nicht zu viel Futter zu geben für den Fall, dass die Reise oder die mit dem Umzug verbundene Aufregung zu Verdauungsproblemen führt. Bei nervös veranlagten Hunden können Sie ein mit dem Urin des Hundes getränktes Küchenpapier mit einer kleinen Menge Kot mit in die neue Umgebung nehmen, außerhalb der Sicht Ihres Hundes. Wenn er dort ankommt, kann er schnuppern, dass sein eigener Geruch schon dort ist, was ihn dazu ermutigt, sein neues Territorium in Besitz zu nehmen.

wie Haushaltsgegenstände weggepackt werden, und nehmen Aufregung und Stress im Tonfall der Stimmen wahr. Junge Hunde passen sich einem Wechsel leicht an; in der Natur würde es bedeuten, dass das Rudel auf der Suche nach neuen Futterquellen oder einem sichereren Unterschlupf weiterzieht. Der Umzug ist in dieser Hinsicht nicht viel anders für einen Hund.

Frühe Untersuchungen

Hunde untersuchen ein neues Haus gewöhnlich Seite an Seite mit ihrem Besitzer. In fremdem Territorium wird unzweifelhaft der Rudelführer den Weg zeigen, von Raum zu Raum und dann wieder zurück, bis die wachsende Vertrautheit das Zutrauen steigert. Wenn der Hund anfängt, sich frei zu bewegen, ist das ein Zeichen dafür, dass er locker mit dem Umzug umgeht. Wenn er sich oft versteckt hält oder unsicher und misstrauisch herumschleicht, ist der Umzug für ihn wohl nicht so problemlos gewesen. Alle ersten Erkundungen sollten sorgsam beaufsichtigt werden, besonders wenn Ihr Hund ein Entfesslungskünstler ist und dazu neigt, bei der nächstbesten Gelegenheit wegzulaufen.

Sein neues Hoheitsgebiet einrichten

Das Markieren gehört zum ersten, was ein Hund bei der Erforschung des neuen Territoriums unternimmt. Hunde werden oft und immer wieder an dieselben Stellen urinieren, wenn man sie zum ersten Mal in den Garten lässt, oder Wege, Zäune und Bäume der näheren Umgebung zum ersten Mal untersuchen, und sie werden sich stundenlang mit Schnüffeln und Markieren beschäftigen. Einmal markiert, ist der Anspruch auf das neue Hoheitsgebiet sicher und kann verteidigt werden. Das erste wachsame Bellen mag ein Anzeichen dafür sein, dass der Hund beginnt, sich zu Hause zu fühlen. Sobald es an der Zeit ist, kleinere Haushaltsgegenstände auszupacken, zeigt Ihr Hund vielleicht seine natürliche Neugier. Möglich ist aber auch, dass er sich einfach hinlegt und geduldig auf den Moment wartet, in dem seine Spielsachen oder sein Futternapf wieder zum Vorschein kommen.

Unten: Dieser Hund zeigt Interesse am Auspacken. Veranstalten Sie in einer Pause mit ihm ein Suchspiel nach Spielzeug oder Futter im neuen Heim.

In der Natur

Andere Hunde treffen

Der Spaziergang ersetzt für den Hund die Futtersuche und die Jagd. Für die meisten Hunde ist er das aufregendste Ereignis des Tages. Das ist für ihn nicht nur ein Ausflug mit Ihnen als Rudelführer, sondern bietet ihm auch viel Spannung: er erschnüffelt den Duft von anderen Tieren, trifft Leute und, das vielleicht wichtigste für den geselligen Hund, er begegnet seinen Artgenossen.

Die Begegnung

Hunde genießen normalerweise die Interaktion mit anderen Hunden. Doch wie Ihr Hund sich beim Zusammentreffen mit anderen Hunden verhält, hängt von mehreren Faktoren ab. Der wichtigste ist die Persönlichkeit des Hundes. Wenn er gesellig oder unterwürfig ist und von klein an mit anderen Hunden gute Erfahrungen gemacht hat, dann hängt die Begegnung fast ausschließlich davon ab, wie der andere Hund und sein Besitzer sich verhalten. Unsichere oder dominante Hunde neigen eher zu Hyperaktivität oder Aggression, wenn einer von beiden angeleint ist. Das liegt vielleicht daran, dass ein angeleinter Hund frustriert ist, weil man sein Bedürfnis, die Umgebung zu erkunden oder anderen Hunden zu begegnen, eingeschränkt hat. Oder der nicht angeleinte Hund deutet die begrenzten Bewegungsmöglichkeiten des angeleinten Hundes als distanziert, bedrohlich oder sogar als dominant.

Freie Begegnungen

Wenn Ihr Hund draußen mit einem anderen Hund zusammentreffen kann, werden die beiden erst unterschiedliche Körperhaltungen einnehmen (siehe Seite 28–29). Wenn die soziale Interaktion positiv ist, wedeln sie mit Schwanz und Hinterteil, schnüffeln und stehen still, während der andere schnüffelt, gelegentlich wird geleckt (wobei sie abwechselnd in Kopf-an-Hinterteil-Stellung stehen), oder sie beugen Kopf und Vorderbeine als Aufforderung zum Spielen. Wird es schwierig, gibt der Hund ein Dominanzsignal, das den anderen auf Abstand hält – der Hund steht in einiger Entfernung still, der Körper ist steif, es gibt keine Einladung zum Schnüffeln –, möglicherweise werden diese Signale durch ein warnendes Knurren, aufgestellte Nackenhaare, steife Schwanzhaltung und aufgestellte Ohren unterstützt. Damit sagt der Hund: »Bleib weg!« Dann verlassen Sie am besten mit Ihrem Hund den Schauplatz.

Freundschaft schließen

Wenn Sie die Spaziergänge zu festgelegten Zeiten in einem bestimmten Gebiet unternehmen, wird Ihr Hund immer wieder dieselben Hunde treffen, sie kennen lernen und mit ihnen umhertollen. Hunde lieben es, um die Wette zu laufen und hintereinander her zu jagen. Pfeifen Sie, um das Ende der Spielzeit anzukündigen (wenn er hört, loben Sie ihn sehr und geben Sie ihm ein Leckerli). Sie bestimmen, wann der Spaziergang fortgesetzt wird und überlassen es nicht Ihrem Hund, wann er zu Ihnen zurückkehrt.

WARUM VERHALTEN SICH MANCHE HUNDE AGGRESSIV GEGENÜBER MEINEM EINST FREUNDLICHEN HUND?

Ihr Hund wird aggressiv gegenüber anderen Hunden, mit denen er vorher gern gespielt hat. Das bedeutet, dass Ihr Hund entweder die Aggression anderer Hunde erfahren hat (bekannt als intraspezifische Aggression) oder sonst wie Angst vor anderen Hunden entwickelt hat. Die Attacke eines anderen Hundes hat ihn vorsichtig gemacht, genau wie ein Mensch, der einmal überfallen wurde, Angst vor einem erneuten Überfall hat. Dadurch kann auch eine »Angriff-ist-die-beste-Verteidigung-Mentalität« entstehen, von Verhaltensforschern als angstbezogene Aggression bezeichnet. Einige Kampfhunderassen wie der Staffordshire Bullterrier oder der Shar Pei haben eventuell von Natur aus einen höheren Aggressionsgrad und neigen deshalb zu aggressiveren Reaktionen, wenn die Hunde-Etikette, wann geschnüffelt werden darf und wann nicht, ignoriert wurde.

Linke Seite: *Bei Spaziergängen ist das gegenseitige Beschnüffeln die Art der Hunde, sich zu begrüßen und auszutauschen.*

Unten: *Diese Hunde könnten das Signal zum Beschnüffeln geben, die hoch gehaltenen Schwänze aber auch eine Warnung signalisieren.*

Lösungen für problematisches Verhalten

In manchen Situationen kann ein Hundebesitzer problematisches Verhalten, das ein Training erfordert, und eine psychischen Verfassung, die Verständnis und eine Behandlung durch einen Tierverhaltenstherapeuten erfordert, nur schwer unterscheiden.

PROBLEMVERHALTEN	LÖSUNG DURCH SCHULUNG
Jagt anderen Hunden hinterher, um mit ihnen zu spielen	Trainieren Sie Ihren Hund, indem Sie Ihren Hund ein Spielzeug apportieren lassen und arbeiten Sie dabei mit Klicker und Belohnungspfeife (siehe Seite 74–75). Geben Sie ihm Belohnungshäppchen und viel Lob nach jeder Übergabe, um die Interaktion positiv zu verstärken. Sobald die Assoziation mit dem Klicker bzw. der Belohnungspfeife aufgebaut ist, nehmen Sie den Apportiergegenstand und den Klicker oder die Belohnungspfeife auf Spaziergänge mit, um Ihren Hund zu sich rufen.
Greift andere Hunde an	Verwenden Sie ein Erziehungshalsband, um durch den unangenehmen Geruch, den es versprüht, Aversion zu erzeugen (siehe Seite 74) – zunächst in einer Situation, die Sie unter Kontrolle haben.
Kommt nicht auf Zuruf	Schulen Sie Ihren Hund wie oben beschrieben mit Klicker oder Belohnungspfeife, damit er auf Zuruf besser gehorcht.
Läuft weg und hört nicht auf Rufen	Benutzen Sie ein Erziehungshalsband, um durch den unangenehmen Geruch, den es versprüht, Aversion zu erzeugen (siehe Seite 74) – zunächst in einer Situation, die Sie unter Kontrolle haben.
Zieht an der Leine	Verwenden Sie ein Anti-Zug-Halfter und lieber kein Brustgeschirr, weil dies den Hund dazu verleiten könnte, sich voll in die Brust zu legen (oftmals sein stärkster Punkt), um seine Kräfte mit dem Besitzer zu messen. Führen Sie ein Klicker-Training ein, um das Nicht-Ziehen zu belohnen.
Springt an Fremden hoch, stürzt sich auf andere Hunde	Trainieren Sie zu Hause mit Klicker und Trainings-Disks (siehe Seite 74–75). Dann benutzen Sie Trainings-Disks, um den Hund, wenn ein Freund die sich nähernde Person spielt, am Hochspringen zu hindern. Wenn er sich in seiner Begeisterung auf andere Hunde stürzt, sollte die andere Person auch einen Hund mitbringt. Drücken Sie den Klicker, wenn der Hund sein Verhalten geändert hat.
Jagt Tieren, Fahrzeugen, Fahrradfahrern, Joggern etc. nach	Trainieren Sie mit dem Klicker- und Belohnungspfeifen-System zunächst in vertrauter Umgebung, damit der Hund motiviert wird, auf Rückruf zu hören. Ein Erziehungsgeruchshalsband mit Fernbedienung (siehe Seite 74) kann das Verhalten unterbrechen, und das Gehorchen auf Rückruf kann durch den Belohnungspfiff gefördert werden (siehe Seite 75). Wenn Ihr Hund suchtartig allem möglichen nachjagt, was Gefahr für Menschen und Hund bedeutet, brauchen Sie professionelle Hilfe.
Panikverhalten/Angstgesteuertes Weglaufen	Verwenden Sie eine lange Leine (siehe Seite 141), die Sie am Halsband befestigen, so dass Sie Ihren Hund anhalten oder zu sich heranziehen können, wenn er sich aus dem Staub machen will. Oder suchen Sie professionelle Hilfe.
Zernagen von Stöcken oder Zweigen	Nehmen Sie ein Spielzeug mit und setzen Sie es mit der Belohnungspfeife ein (siehe Seite 75), um die Aufmerksamkeit des Hundes zu gewinnen. Lassen Sie ihn damit spielen. Wenn ein Hund Stöcke zernagt, tut er etwas, das Sie nicht unter Kontrolle haben, außerdem riskiert das Maulverletzungen.
Tierkadaver plündern	Nutzen Sie ein Erziehungshalsband, um Aversion zu erzeugen (siehe Seite 74).

Links: Wer führt wen? Leinenzieher brauchen oft nur ein paar Schulungseinheiten, doch problematisches Verhalten erfordert professionelle Behandlung.

Begegnung mit Fremden und Kindern

Während eines Spaziergangs mit Ihrem Hund werden Sie andere Leute treffen, Wenn Ihr Hund angeleint ist, haben Sie sein Verhalten im Griff, aber wenn er nicht an der Leine ist, wird eine freundliche Begegnung von seiner Persönlichkeit abhängen und davon, wie Fremde sich verhalten, wenn Ihr Hund sich ihnen nähert.

WIE ERREICHE ICH, DASS SICH MEIN HUND FREMDEN UND KINDERN GEGENÜBER GUT VERHÄLT?

Damit Ihr Hund Erwachsene und Kinder nicht anspringt, müssen Sie dieses Verhalten auch bei der eigenen Familie und Freunden von Anfang an unterbinden. Fördern Sie gute Manieren, indem Sie ihn loben und belohnen, wenn er ruhig ist und sich hinsetzt. Üben Sie mit Ihrem Hund bei Spaziergängen immer wieder, auf Zuruf zu Ihnen zurückzukommen, und loben Sie ihn sehr, wenn er gehorcht. Er wird dann auch auf Ihren Rückruf folgen, wenn sich Fremde nähern

Wenn Ihr Hund hyperaktiv ist und immer an Fremden und Kindern hochspringt, bitten Sie einen Freund oder eins Ihrer Kinder, die Rolle des näher kommenden Fremden zu spielen und eine Trainings-Disk (Seite 74) zu verwenden, wenn er sich zu ungestüm gebärdet. Wenn Ihr Hund positiv darauf reagiert, geben Sie ihm einen Leckerbissen und loben Sie ihn für sein gutes Benehmen.

Oben: *Hunde können dazu erzogen werden, sich bei der Begegnung mit anderen Hunden ruhig zu verhalten.*

Rechte Seite: *Die meisten Hunde betrachten Kinder als Welpen und sind meist sehr sanftmütig ihnen gegenüber und lassen sich gern streicheln.*

Der Persönlichkeitsfaktor

Die meisten Hunde sehen in fremden Menschen freundliche, große Tiere. Doch wie bei der Begegnung mit anderen Hunden spielt die Persönlichkeit für das Verhalten Ihres Hundes anderen Menschen gegenüber eine große Rolle. Es gibt Hunde, die beim »Jagen und Futtersuchen« mit ihrem Hunde-Menschen-Rudel zufrieden sind, andere Menschen bei Spaziergängen ignorieren und nur mit ihren Besitzern und deren Familie in Beziehung treten. Besonders gesellige Hunde, die in einer familienorientierten Gruppe leben, nähern sich einer fremden Familie normalerweise ganz begeistert.

Verhalten der Fremden

Eine weitere Rolle spielt die Art, wie die Menschen auf den Hund reagieren. Die Kommunikation gelingt am besten, wenn die Fremden ebenfalls einen Hund haben und sowohl die Hunde als auch deren Besitzer gesellig sind. Wenn Ihr Hund eine Begegnung mit fremden Menschen uninteressant findet, weil sie ihn ignorieren, wird er einfach weiterlaufen. Sind die Fremden hundefreundlich und ermutigen sie ihn zur Kontaktaufnahme, wird er Berührungen eher akzeptieren. Wenn die Fremden Angst vor Hunden haben, rufen Sie Ihren Hund gleich zurück, um mögliche Konflikte zu vermeiden.

Einfluss der Rasse

Wie andere Ihren Hund sehen, hängt sehr davon ab, ob sie hundefreundlich sind oder nicht. Hunde bestimmter Rassen verstärken den Wunsch nach Kontaktaufnahme mehr als andere, und Welpen sind besonders anziehend – kaum ein Kind kann der Versuchung widerstehen, einen Welpen zu streicheln. Viele Menschen nehmen eher Kontakt zu einem Hund auf, der zu einer kleinen bis mittelgroßen Rasse gehört. Ein Spaziergang mit einem großen Rottweiler löst wahrscheinlich mehr Vorbehalte bei Erwachsenen und Kindern aus, als wenn ein Golden Retriever neben Ihnen hertrottet.

Oben: *Die natürliche Neugier eines Hundes kann ihm viel Aufregung und Ärger einbringen, zum Beispiel, wenn er auf den Tisch springt.*

Rechte Seite: *Wenn sie eine interessante Geruchsspur gefunden haben, folgen manche Hunde nur ihrer Nase und ignorieren alle Rufe ihres Besitzers.*

Selektives Hören

Für einen glücklichen Hund ist die Welt ein Abenteuerspielplatz. Im Freien gibt es herrliche Gerüche und Tierdüfte. Und möglicherweise trifft er einen Spielgefährten. Oder hat, noch besser, sogar die Chance, Wild zu jagen. Wenn Ihr Hund eine Fährte aufgenommen hat, wird sein Gehorsam unter Umständen so schnell verschwinden wie eine Maus im Loch.

Interaktion und Gehorsamkeit fördern

Wenn Sie nicht gerade in Gedanken versunken sind oder sich mit einem anderen Menschen unterhalten, werden Sie und Ihr Hund einander immer mit einem Auge im Blick haben; das ist das Schöne beim gemeinsamen Erkunden, selbst wenn Sie über wohlbekannte Pfade spazieren. Viele Hundebesitzer haben einen Tennisball fürs Apportieren dabei, um den Spaziergang interaktiver zu gestalten und den Rückrufgehorsam zu trainieren. Andere erlauben ihren Hunden, mit Zweigen zu spielen. Jedoch können Holzsplitter Zähne und Zahnfleisch verletzen, deshalb ist ein Spielzeug viel sicherer.

Überwältigende Ablenkungen

Wenn Ihr Hund ein Wild erspäht oder riecht, kann der Rückruf schwierig werden, denn es ist viel aufregender für ihn, der Geruchsspur des Tieres zu folgen als zurückzukommen. Wenn Ihr Hund im Jagdfieber losrennt, sind alle Spaziergangsregeln vergessen.

Persönlichkeitsfaktoren

Selbstsichere Hunde werden oft vorausrennen, wenn sie die Wege kennen, und genau dabei kann eine spannende Ablenkung Ihren Hund dazu verleiten, sich aus dem Staub zu machen. Wenn Sie ihn rufen, wird er das gern überhören. Es gibt Hunde, die noch in Sichtweite sind und trotzdem das Rufen ignorieren, die vielleicht sogar zu ihrem Besitzer zurückschauen, um dann doch noch eine Weile weiter im Gras herumschnüffeln. Dabei benimmt sich der Hund wie ein ungezogenes Kind. Viele Hunde rennen voraus und laufen sofort wieder zurück, und zwar den gesamten Spaziergang über, um neue Signale zu empfangen und zu prüfen, welche Richtung der Rudelführer einschlagen wird. Unsichere Hunde werden sich normalerweise dicht an ihren Besitzer halten, weil sie Halt und Anleitung suchen.

FRAGEN UND ANTWORTEN: SICH TAUB STELLEN

**Mein Hund ignoriert mein Rufen zunächst oft.
Wie kann ich diesen Ungehorsam verhindern?**

Es ist wichtig, dass Sie Ihren Hund vom ersten Tag darauf trainieren, auf eine Pfeife zu folgen (siehe Seite 75). Wenn er reagiert, belohnen Sie ihn mit Lob und Streicheleinheiten, um ihn zu motivieren, bei jeder erforderlichen Gelegenheit zu Ihnen zurückzukommen. Nehmen Sie ihn auf einen Spaziergang in ein unbekanntes Gebiet mit, und arbeiten Sie mit der Belohnungspfeife; die Erfolgswahrscheinlichkeit ist größer, wenn er sich nicht auskennt und nicht weiß, wohin es geht.

Was soll ich tun, wenn mein Hund bei einem Spaziergang plötzlich verängstigt wegrennt?

Ein ungewöhnliches Geräusch kann nicht nur bei einem nervösen Hund, sondern bei jedem Hund einmal einen Fluchtreflex auslösen. Das beängstigende Geräusch kann ein Gewehrschuss, ein Donnern u. v. a. m. sein. Dieses Adrenalingesteuerte Verhalten, diese »Angriff-oder-Flucht«-Reaktion (siehe Seite 24–25) übernimmt die Kontrolle und zwingt den Hund, auf Überlebensmodus umzustellen. Es gibt Hunde, die bei beängstigenden Ereignissen wegrennen, bis sie völlig erschöpft sind. Es ist beinahe unmöglich, dieses Verhalten zu unterbrechen. Wenn Ihr Hund zu Fluchtreaktionen neigt, kann eine Belohnungspfeife (siehe oben) zusammen mit einem fernbedienbarem Erziehungsgeruchshalsband (siehe Seite 74) eventuell hilfreich sein, vorausgesetzt, dass Sie den fluchtauslösenden Reiz vorausahnen und die Mittel früh genug einsetzen.

Im Straßenverkehr

Für Hunde sind Autos und LKW uninteressante Metallbrocken. Da Hundeaugen eher auf die Entdeckung von Bewegung als auf Details eingerichtet sind, empfindet er ein Auto vielleicht als irritierende Ablenkung oder als etwas Verdächtiges, das verbellt oder sogar verjagt werden muss.

Früher Kontakt

Normalerweise wird man einen Hund so früh wie möglich an den Straßenverkehr gewöhnen, und das gilt besonders, wenn Sie in einer Stadt leben. Vielleicht hat Ihr Hund seine erste Erfahrung mit dem Straßenverkehr gemacht, als Sie ihn vom Züchter im Auto in sein neues zu Hause gefahren haben. Für viele Hunde und ihre Besitzer ist dieser Tag ein aufregendes Ereignis. Die frischgebackenen Hundebesitzer sind gewöhnlich voller Optimismus, Vorfreude und Besorgnis. Autos und Lastwagen fahren vorbei, aber Ihr Welpe ist vielleicht schläfrig und uninteressiert, oder, im Gegenteil, sogar selbstsicher genug, die vorbeiziehende Welt vom Autofenster aus zu beobachten.

Richtig mit dem Straßenverkehr konfrontiert wird ein Hund bei seinen ersten Spaziergängen an der Leine, und es wird ihm beigebracht, sich an der Bordsteinkante oder an Straßenkreuzungen hinzusetzen. Nach einer gewissen Zeit haben sich die meisten Hunde an den Verkehrslärm und die Autos gewöhnt Denn Ihren Hund beunruhigt nichts, was Sie nicht beunruhigt. Er wird sich auf den Spaziergang durch den Park oder durch Feld und Wald freuen, wo er rennen und spielen kann, und die Autoreise dazwischen ist nur das lästige oder aufregende Vorspiel dazu.

Autos jagen

Hunde können vom Straßenverkehr wie besessen sein, hervorgerufen durch Geschwindigkeit und sich drehende Reifen, was eine vorprogrammierte Reaktion im Gehirn ankurbelt.

MEIN HUND HAT ANGST VOR DEM VERKEHR UND VERSUCHT MICH AN DER LEINE WEGZUZIEHEN, BEVOR WIR DIE HAUPTSTRASSE ERREICHEN. WAS KANN ICH TUN?

Hunde, die im Straßenverkehr beängstigende Erlebnisse hatten, können mit belebten Straßen und Fahrzeuge negative Assoziationen verbinden. Wenn ein Hund desorientiert umher geirrt ist, musste er vielleicht beim Überqueren viel befahrener Straßen um sein Leben kämpfen, vielleicht hat er sich wegen einer Fehlzündung zu Tode erschrocken. Wenn diese Assoziation einmal besteht, ist sie bei manchen unsicheren Hunden nur schwer wieder zu beheben.

Sie können mit der Klicker-Belohnungsmethode versuchen (siehe Seite 74), die negativen Assoziationen Ihres Hundes mit dem Straßenverkehr in positivere umzuwandeln. Zuerst verwenden Sie den Klicker im ruhigen Umfeld ihres zu Hause, dann setzen Sie den Hund bei ausgeklügelten Schulungsspaziergängen nach und nach geringem Verkehr aus – ruhige Zeiten auf dem Parkplatz eines örtlichen Supermarktes sind zu Beginn ideal. Wann immer er dabei ruhig bleibt, wird er mit dem Klicker belohnt. Schließlich können Sie Ihrem Hund ein immer größeres Verkehrsaufkommen zumuten, wobei nach wie vor ruhiges Verhalten mit dem Klicker belohnt wird.

Dieser natürliche Reflex auf etwas, das sich bewegt, wird normalerweise von Raubtieren ausgelöst. Viele der Rassen, die geradezu süchtig danach sind, bewegte Objekte des Straßenverkehrs zu jagen, besitzen bereits einen natürlichen Kontrollinstinkt. Hütehunde wie Collies und Deutsche oder Belgische Schäferhunde haben ihn, aber auch viele Terrier-Rassen, bei denen dieses Verhalten mit einem eigentlich auf Nagetiere gerichteter Tötungstrieb zusammenhängt. Wenn es zur Gewohnheit wird, kann dieses Verhalten eine echte Gefahr für die Verkehrsteilnehmer werden, die der Hund sich als Objekt der Begierde gesucht hat. Unterbrechen Sie den Jagdinstinkt und verwenden Sie ein Erziehungsgeruchshalsband (siehe Seite 74). Wenn der Hund agiert, kann durch das Geruchshalsband eine Aversion erzeugt werden. Wenn er daraufhin innehält, wird zur Belohnung der Klicker gedrückt. Es ist jedoch ratsam, dass Hundebesitzer beim Umgang mit diesem Problem fachmännischen Rat von Tierverhaltenswissenschaftlern (und nicht nur von einem Hundetrainer) einholen.

Linke Seite: Wenn der Hund gelernt hat, sich an Bordsteinkanten hinzusetzen, erhöht das die Verkehrssicherheit.

Unten: Behalten Sie die Kontrolle über Ihren Hund, ob er von vorbeifahrender Fahrzeugen ganz begeistert sein sollte oder Angst vor ihnen hat.

Plünderungen

Hunde schnüffeln natürlicherweise herum und alles leicht erreichbar Essbare ist für sie wertvoll. Egal, ob es sich bei dem geplünderten Gegenstand um einen nicht mehr ganz frischen Tierkadaver oder um ein sieben Tage altes Stück Pizza handelt. Es kann für Sie problematisch werden, Ihren Hund von seinem für ihn überaus wertvollen Fund wieder abzubringen.

Fundstücke in Stadt und Land

Das Leben ist für Ihren Hund am schönsten, wenn er ohne Leine durch Felder und Wälder stromern kann. Seine Umgebung wird zu seinem Herrschaftsgebiet, und natürlich nimmt er an, dass diese gemeinsame Unternehmung zu beiderseitigem Nutzen ist. Doch eine zufällige Entdeckung kann manche Hunde in eigensinnige kleine Monster verwandeln. Bei dieser Entdeckung kann es sich um die Überbleibsel eines getöteten Tiers handeln oder, was öfters der Fall sein dürfte, um einen nicht mehr frischen Kadaver. In Städten kann Ihr Hund attraktive Speisen erschnüffeln, beispielsweise einen noch nicht ganz abgenagten Knochen, der in einem unverschlossenen Müllbeutel auf seine Entdeckung warten. Manchmal ist es auch nur eine weggeworfene Verpackung, an der noch ein paar Essensreste kleben. Aber egal, Ihr Hund wird sich vergnügt alles einverleiben, was er nur irgendwie futtern kann.

Oben: Es ist nur natürlich für Hunde, bei Spaziergängen potenzielle Beutetiere aufzustöbern.

Rechts: Futtersuche im Müll ist aufregend, kann aber zu Gesundheits- und Verhaltensproblemen führen, wenn der Hund verdorbene Nahrungsmittel wie seinen Augapfel hütet.

Rechte Seite: Bei einem Spaziergang kann Ihr Hund alles Mögliche im Unterholz erschnüffeln. Lenken Sie ihn mit seinem Lieblingsspielzeug davon ab, sie auch zu fressen.

Reaktion auf Überbleibsel

Hunde gehen auf verschiedene Arten mit Überresten um. Manche schnappen sich einen Kadaver und präsentieren ihn – verfault und übel riechend – stolz ihrem Besitzer. Andere bewachen ihren Fund und lassen erst davon ab, wenn sie am Halsband weggezerrt werden. Dann gibt es jene Hunde, die sich den Kadaver schnappen und daran festhalten, als wären sie am Verhungern. Wenn die Besitzer sich nähern, rennen diese Hunde oft weg und kehren dann fast zurück – immer und immer wieder in manchen Fällen – als wollten sie ihre Besitzer verspotten, die ohnehin schon frustriert sind. Denn für viele Hunde kommen die Kadaver einer echten, selbst erlegten Beute am nächsten. Damit legen die Hunde ihren Besitzern gegenüber ein herausforderndes Verhalten an den Tag, denn nach ihrem Weltbild gehört ein verrottender Tierkörper dem Sieger.

Hunde verfügen über Enzyme und Bakterien, die alles aufspalten können, was gefuttert wurde. Dennoch kann auch Hunden übel werden, und es ist äußerst ratsam, ihnen zu verbieten, verdorbenes Futter zu fressen.

Mit dem Plündern umgehen

Wenn Ihr Hund bei Spaziergängen oft verdorbene Nahrung ausfindig macht, sollten Sie ihm eine Alternative anbieten, die Sie kontrollieren. Das kann ein Lieblingsspielzeug, aber auch ein Ball oder eine Frisbee-Scheibe sein. Benutzen Sie rund ums Haus eine Belohnungspfeife und bringen Sie die mit dem Spielzeug in Verbindung, das Sie dafür ausgewählt haben (siehe Seite 75). Nachdem Sie daheim diese Assoziation geschaffen haben, können das Pfeifgeräusch und das Spielzeug Ihren Hund auch draußen dazu bringen, von seinem Fund abzulassen. Wenn er seinen Kadaver verteidigt, ist es notwendig, dieses Verhalten mit einem fernbedienbaren Erziehungsgeruchshalsband zu unterbinden (siehe Seite 74). Danach reagiert er gewöhnlich auf den Rückruf mit der Trainingspfeife.

Im Auto

Die meisten Hunde fahren von Anfang an gerne Auto. Denn Autofahrten führen normalerweise zu für ihn hochinteressanten Zielen, außerdem möchte Ihr Hund bei allem, was Sie und sein Hunde-Menschen-Rudel unternehmen, mit dabei sein.

Die Hundeperspektive

Sehr viele Hunde werden beim Autofahren ganz ruhig, was wohl mit dem einschläfernden Motorengeräusch zusammenhängt. Manch extrovertierter Hund ist am glücklichsten, wenn er am offenen Fenster seine Nase in den Wind strecken kann. Diese Hunde wollen am liebsten auf dem Beifahrersitz Platz nehmen und mit dem Rudelführer die Verantwortung übernehmen, jedoch ist das nicht ratsam. Wenn Autofahrten häufiger zu Spaziergängen ans Meer oder aufs Land führen, betrachten Hunde das als ultimatives Rudelerlebnis der gemeinsamen Jagd und Futtersuche.

Eine längere Urlaubsfahrt ist sicher die längste gemeinsame Reise für Sie und Ihren Hund. Wenn es nur ein kurzer Ausflug zum nächsten Supermarkt ist, wird die »Beute« in Form von Einkaufstüten in den Kofferraum gepackt. Natürlich ist es nicht Ihr Hund, der das »Wild« erlegt und nach Hause kutschiert, aber gejagt haben Sie es doch gewissermaßen zusammen.

Hyperaktivität

Manche Hunde werden im Auto hyperaktiv. Vielleicht spüren sie, dass am Ende der Fahrt etwas Aufregendes passieren wird und finden das Ganze einfach spannend. Problemverhalten im Auto ist manchmal auf eine ungünstige Prägung im Welpenalter zurückzuführen. In anderen Fällen hat der Hund einfach noch keine Erfahrung mit dem Autofahren und reagiert hyperaktiv auf das neue Erlebnis.

Es ist wichtig, dass Ihr Hund sich während der Fahrt sicher fühlt, also sollten Sie ihn in einer teilweise abgedeckten Hundebox auf dem Rücksitz oder im Heck des Wagens befördern, was für ihn auch zusätzliche Sicherheit bedeutet. Im Fall eines Verkehrsunfalls, wenn eine offene Tür einen womöglich traumatisierten Hund mit dem tobenden Verkehr konfrontiert, verhindert eine Reisebox, dass er seinem Fluchtimpuls folgt und desorientiert wegläuft (siehe Seite 24–25). Und sie schützt ihn auch davor, verletzt zu werden, was noch schlimmer wäre.

Oben: Eine Autofahrt ist für einen Hund oftmals ein aufregendes Ereignis, denn sie bietet die Möglichkeit, neue Orte und Territorien zu erkunden.

Rechte Seite: Idealerweise fahren Hunde in einer Hundebox oder in einem Transportkäfig mit; die bieten weitaus mehr Sicherheit als ein Hundegurt.

MEIN HUND IST EINDEUTIG UNGLÜCKLICH BEIM AUTOFAHREN, ER BELLT UND HECHELT VIEL. WIE KANN ICH DIE SITUATION VERBESSERN?

Ändern Sie seine negativen Assoziationen mit dem Autofahren durch Belohnungssignale:

1 Gehen Sie mit Ihrem Hund die grundlegenden Ablaufschritte einer kurzen Reise durch: Steigen Sie ins Auto ein, drehen Sie den Zündschlüssel, aber fahren Sie erst los, wenn Ihr Hund einigermaßen ruhig ist.

2 Halten Sie den Wagen nach ein paar Minuten an. Gehen Sie um den Wagen herum. Wenn Ihr Hund dabei ruhig geblieben ist, steigen Sie wieder ein und fahren weiter. Drücken Sie den Klicker (siehe Seite 74) und loben Sie ihn. Wenn Ihr Hund leidet, stoppen Sie und lassen ihn aussteigen. Benutzen Sie beim anschließenden fünfminütigen Spaziergang mit ihm immer wieder den Klicker, um das Ausführen einer konzentrierten Reihe von Anweisungen – »Halt!«, »Sitz!«, »Bei Fuß!«; »Weiter!« – zu belohnen. Dann gehen Sie mit ihm zum Auto zurück und fahren weiter.

3 Machen Sie mit Ihrem Hund spontane Autofahrten, die nicht mit vertrauten Spaziergängen oder üblichen Fahrten in Verbindung stehen.

4 Sobald Sie die ersten drei Punkte erfolgreich absolviert haben, fahren Sie mit Ihrem Hund zu seinem Lieblingsplatz.

Nach jedem erfolgreichen Schritt setzen Sie den Klicker ein, um Ihren Hund zu loben, wenn er sich richtig verhalten hat. Wenn er irgendwann unglücklich ist, beenden Sie die Lektion, aber versuchen Sie dennoch etwas zu finden, das Sie belohnen können. Zum Beispiel können Sie ihn anweisen, sich zu setzen, wenn Sie die Heckklappe des Autos öffnen, damit er für die Rückfahrt einsteigen kann. Oder er bekommt das Kommando »Sitz!«, nachdem er nach der Ankunft aus dem Auto gesprungen ist. Wenn er während der kurzen Autofahrt hyperaktiv wird, können Sie versuchen, sein Verhalten durch Trainings-Disks zu korrigieren (siehe Seite 75).

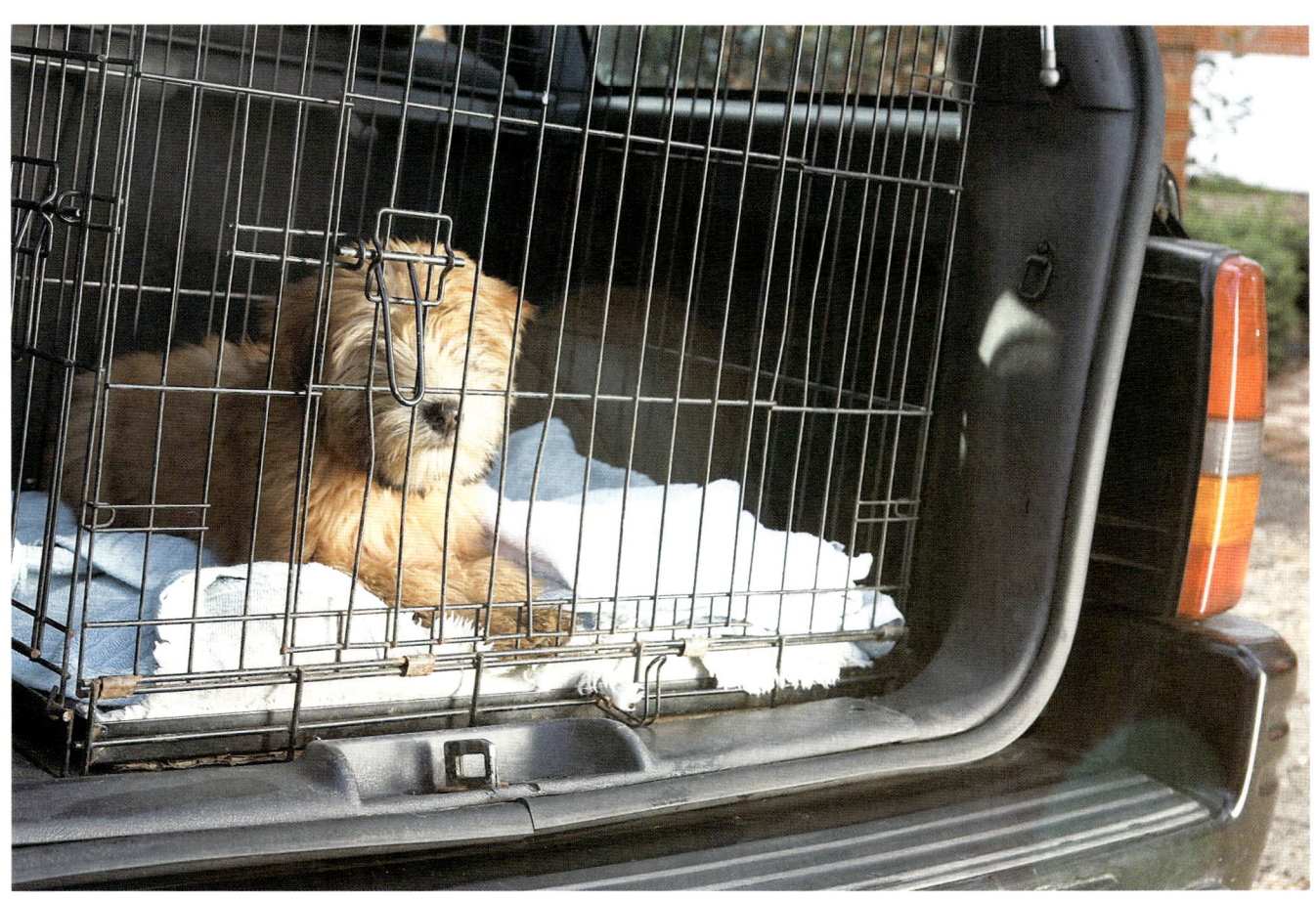

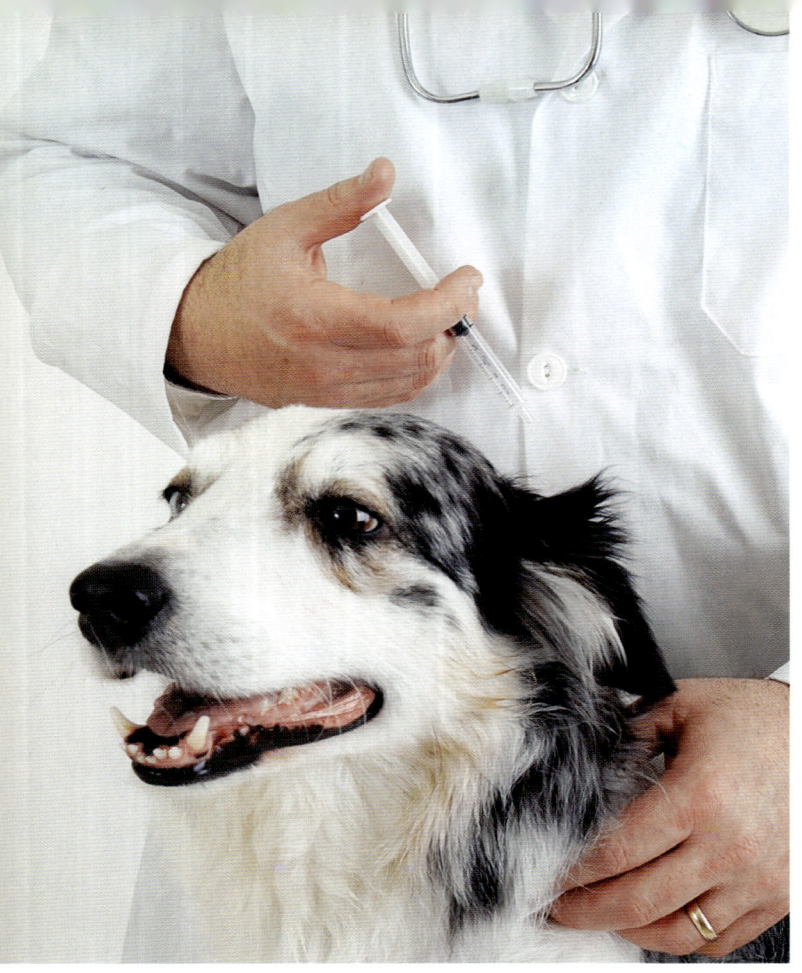

Beim Tierarzt

Hunde betreten eine Tierarztpraxis meist aufgeregt und mit dunkler Vorahnung. Wenn Sie sich mit Ihrem Hund der Eingangstür nähern, stechen ihm bereits die Gerüche fremder Hunde und anderer Tiere sowie der sie begleitenden Menschen in die Nase. Er hört hier ein Bellen, dort ein Miauen. Kein Wunder, dass Hunde dann alarmiert und aufgeregt sind.

Geruch und Verstand

Wenn dies für Ihren Hund der erste Besuch in einer Tierarztpraxis ist, wird sein hoch entwickelter Geruchssinn fremde Gerüche und eine Kombination aus Medikamenten und Desinfektionsmitteln wahrnehmen. Was er damit assoziiert und wie wohl er sich dabei fühlt, hängt erstens von seinen Erfahrungen und zweitens von seiner Persönlichkeit ab. Ein ruhiger ausgeglichener Hund wird selbst sehr einschüchternde Vorfälle locker nehmen, während ein nervöser Hund schon vor

WAS KANN ICH TUN, DAMIT DER TIERARZTBESUCH FÜR MEINEN HUND WENIGER STRESSIG WIRD?

Wenn ein Hund eine negative Assoziation mit dem Tierarztbesuch entwickelt hat, beispielsweise wegen einer längeren Erkrankung oder Operation, kann die negative Assoziation in eine positivere umgewandelt werden, doch dies erfordert viele kleine, sorgsame Schritte.

1 Gehen Sie mit Ihrem Hund in die Praxis und gleich wieder mit ihm zurück. Vereinbaren Sie mit einer Tierarzthelferin, dass sie auf Ihren Hund zugeht und ihn begrüßt. Dabei sollte er mit einem Happen besonders gelobt werden. Wenn Ihr Hund sich nicht ruhig verhält, brechen Sie ab und wiederholen das Vorgehen bei weiteren Besuchen.

2 Bitten Sie verschiedene Angehörige des Klinikpersonals, sich Ihrem Hund zu nähern, ihn zu loben und mit Leckerli dafür zu belohnen, dass er sich hinsetzt oder sich ruhig verhält. In dieser Phase sollte er nicht gestreichelt werden. Bitten Sie Leute, die nicht in der Tierarztpraxis arbeiten, den Vorgang zu wiederholen, so dass Ihr Hund außer dem Personal noch andere Menschen erlebt. Dieser Situation sollte Ihr Hund nicht länger als knapp zehn Minuten ausgesetzt sein, dann verlassen Sie mit ihm die Praxis.

3 Belohnen Sie jedes entspannte Verhalten beim Betreten der Praxis. Dann erlauben Sie ihm, das Untersuchungszimmer zu untersuchen. Wiederholen Sie dies mehrmals die Woche. Bitten Sie den Tierarzt, irgendwann während des Arbeitstages, vor die Tür zu kommen, ihren Hund Platz nehmen zu lassen und ihn dafür zu belohnen.

4 Lassen Sie Ihren Hund kurz untersuchen. Drücken Sie den Klicker und belohnen entspanntes Verhalten mit einem Leckerli. Verlassen Sie die Praxis, ohne dass der Hund behandelt worden wäre. Wiederholen Sie dies mehrmals.

5 Sobald Sie alle Stadien erfolgreich durchlaufen haben, kann Ihr Hund in den Untersuchungsraum gebracht und behandelt werden.

Vielleicht können Sie sich auch das Selbstvertrauen eines anderen Hundes für eine Verhaltensänderung bei Ihrem eigenen Hund zunutze machen. Wenn ein anderer Hund dem gefürchteten Ereignis gegenüber gleichgültig ist, hält vielleicht auch Ihr Hund den Praxisbesuch für weniger bedrohlich.

Angst vergeht, noch bevor der Besitzer ihn durch die Eingangstür geschleift hat. Viele Tierärzte legen einem nervösen Hund wegen der Gefahr angstbasierter Aggression automatisch einen Maulkorb an. Wenn ein Hund sich früher problematisch verhalten hat, wird das normalerweise in den tierärztlichen Untersuchungsdokumenten festgehalten.

Positive Schritte

Wenn Ihr Hund bei jedem Besuch der Tierarztpraxis eine Injektion bekam oder Fieber gemessen wurde, ist verständlich, dass er diesen Ort nicht liebt. Deshalb ist es eine gute Idee, vor und zwischen Routineuntersuchungen einfach nur mal so vorbeizuschauen. Wenn Ihr Hund operiert wurde, mag das Aufwachen nach der Narkose mit einer Wunde vielleicht für negative Assoziationen gesorgt haben. Durch liebevolle Pflege und die Genesung danach sollte diese Erfahrung letztlich jedoch nicht zu traumatisch sein.

Ihre eigene Stimmung kann für Ihren Hund aufschlussreich sein. Wenn Sie selbst Angst haben, wird er dies höchstwahrscheinlich durch den Geruch und die Hautpheromone spüren, die von Ihnen ausgehen, und er könnte daraus schließen, dass es auch für ihn etwas zu befürchten gibt. Bleiben Sie also ruhig.

Oben: *Hunde haben weniger Angst, wenn sie positive Erfahrungen machen und ihre Besitzer entspannt sind.*

Linke Seite: *Ein ruhiger, entspannter Hund wartet gehorsam, während er behandelt wird, auch wenn er kaum weiß, was bei einer tierärztlichen Untersuchung passiert.*

Unsoziales Verhalten

Überabhängigkeit

Es ist wunderbar, einen Hund zu haben, der immer mit Ihnen zusammen sein will. Ihr Hund liebt Sie bedingungslos und das zeigt auch sein Bedürfnis, Ihnen überallhin auf den Fersen zu folgen. Eine enge Beziehung zwischen Hund und Besitzer ist herrlich, Überabhängigkeit jedoch keineswegs. Wenn Ihr Hund Sie so beschattet, dass Sie ständig über ihn stolpern, sollten Sie seine übergroße Anhänglichkeit genauer unter die Lupe zu nehmen.

Wie und warum sie auftritt

Überabhängigkeit entwickeln Hunde durch eine ungesunde Anhänglichkeit gegenüber einer Person, was zu Trennungsproblemen führen kann. Diese Hyperanhänglichkeit kann dazu führen, dass ein Hund destruktives Verhalten entwickelt, z. B. ins Haus macht oder ständig bellt wenn der Besitzer nicht daheim ist. Wenn ein junger Hund daran gewöhnt ist, dass diese geliebte Person immer im Haus ist, das aber plötzlich aus Arbeits- oder Studienverpflichtungen nicht mehr der Fall ist, wird der Hund diese Veränderung vielleicht nicht mögen. Das Problem »allein zu Haus« kann allerdings genauso gut auch auftreten, wenn andere Familienmitglieder zu Hause sind (siehe Seite 118–119).

Ihrer Führung folgen

Ihr Hund braucht einen Rudelführer und ist am glücklichsten, wenn Sie stark sind und die richtigen Entscheidungen treffen. Die Entscheidungen könnten sich ganz simpel darum drehen, welchen Weg Sie beim gemeinsamen Spaziergang einschlagen, wann es Futter gibt oder wann der Hund sich hinsetzen muss, bevor eine Straße überquert wird. Komplexere Entscheidungen könnten sein, ob der näher kommende Fremde eine Bedrohung darstellt, ob es sicher ist, abgeleint zu sein

Oben: Ihr Hund sollte ein enger und treuer Freund sein, glücklich, mit Ihnen zu entspannen, aber von Ihrer Gesellschaft nicht übermäßig abhängig sein.

Rechte Seite: Ein enger Kontakt wie das Schlafen im selben Bett oder neben Ihnen auf dem Sofa verunsichert den Hund, wenn solche Gelegenheiten verwehrt werden.

WIE KANN ICH TUN, DAMIT MEIN HUND NICHT STÄNDIG MEINE AUFMERKSAMKEIT FORDERT

Wenn Ihr Hund anfängt, Sie zu belästigen, sagen Sie »Nein« oder befehlen Sie ihm, sich hinzulegen. Diese Reaktion wird aber von den meisten Hunden als Spiel verstanden. Verwenden Sie lieber ein Buch, das Sie griffbereit aufbewahren, und setzen es ein, wenn Ihr Hund näher kommt. Halten Sie das Buch hoch, um den Kontakt abzublocken, und schwenken Sie es hin und her, wenn er das Hindernis umgehen will. Schließlich wird Ihr Hund sich endlich hinlegen. Wenn Sie schon mit dem Klicker gearbeitet haben (siehe Seite 74), drücken Sie den Klicker als Belohnungssignal, wenn er sich hinlegt. Ihr Hund wird dann respektieren, dass Sie die Kontrolle haben.

oder wann Schlafenszeit ist. Diese Art Führung, die vom Besitzer ausgeht, ist ein Ersatz für Alpha-Hunde, die das Rudel zu Jagdgründen oder zum besten Schlupfwinkel führen. Jedoch kann diese »Ich-folge-meinem-Alpha-Tier«-Mentalität bei Hunden ausufern, wenn die ersten Anzeichen von übermäßiger Anhänglichkeit nicht erkannt werden.

Unabhängigkeit und Unsicherheit

Hunde, die sich geborgen fühlen, brauchen ihre Besitzer nicht ständig sehen oder hören. Auf den Anblick einer Hundeleine oder auf das Rascheln der Futtertüte in der Küche reagieren sie aber trotzdem und kommen zu ihrem Besitzer. Im Gegensatz

dazu sucht der Hund, der sich ständig an die Fersen seines Besitzers heftet, wenn dieser im Haus umher geht oder sich gemütlich hinsetzt und fernsieht, nicht nur körperliche Nähe und mag es nicht, wenn der enge Kontakt unterbrochen wird. Diese Hunde sind oft Meister im Streben nach Aufmerksamkeit, sie belästigen ihre Besitzer mit der Pfote, lecken immer wieder seine Hände, stupsen ihn mit der Nase, geben die unterschiedlichsten Laute von sich und bringen sogar, wenn alles andere nicht die erwünschte Wirkung hat, ein Spielzeug und lassen es »ihrem Menschen« in den Schoß fallen. Gibt der Besitzer nach, kann das Aufmerksamkeitsstreben zum Problem werden.

Ängstlichkeit und Hyperalarmbereitschaft

Wir alle kennen Angstgefühle auf die eine oder andere Art, und Hunden geht es nicht anders. Es spielt keine Rolle, ob die Angst begründet ist oder nicht, beides kann den »Angriff-oder-Flucht-Reflex« auslösen und Adrenalin freisetzen. Nervosität wird oft als Persönlichkeit eines Hundes toleriert und akzeptiert, was dazu führen kann, dass er seine Aufmerksamkeit steigert und sich in ständiger Alarmbereitschaft befindet.

Oben: Hunde beschützen natürlicherweise ihr Territorium, was bei manchen zu Territorialbellen führt.

Rechte Seite: Ein Hundezwinger oder eine Reisebox entsprechen dem Rückzug in Höhlen in der freien Natur.

Wie Angst sich auf Hunde auswirkt

Ein ängstlicher Hund reagiert auf Bedrohung, indem er sein Nackenfell sträubt, Rücken und Schwanz versteift und bellt oder knurrt. Wenn er aber so reagiert, nur wenn ein Bügelbrett aufgestellt wird oder ein Toast aus dem Toaster schnellt, bedeutet dies, dass er übertrieben alarmbereit ist und vor mehr oder weniger allem Angst hat, was er nicht unter Kontrolle hat. Ein Hund, der ständig angstbasierte Aggression oder zurückgezogenes Verhalten zeigt, braucht Verständnis und Behandlung.

Es sind nicht nur Geräusche, die solch irrationale Reaktionen bei Hunden auslösen. Viele Jagdhunde wie Cocker, Springer Spaniel oder Labradore und andere Apportierhunde, die auf die lautesten Gewehrschüsse normalerweise verhältnismäßig gleichgültig reagieren, können plötzlich überaus sensibel auf Alltagsgeräusche und -situationen reagieren, wenn sie krankhaft alarmbereit sind.

Ursachen für Ängstlichkeit

Ein Hund, der auf Alltagssituationen und normale Geräusche ängstlich reagiert, hat normalerweise viele schlechte Erfahrungen gemacht. Sein Wohlergehen im Welpenalter kann durch Krankheit, schlechte Haltungsbedingungen, Fehlen von sozialen Kontakten oder Konkurrenz bei großen Würfen eingeschränkt worden sein. Auch die zu frühe Trennung von der Mutter, eine Erkrankung des Besitzers, Umzüge oder die Wel-

---

WIE KANN ICH MEINEN HUND VOM TERRITORIAL-BELLEN ABBRINGEN?

Am besten, indem Sie verhindern Sie, dass Ihr Hund zu Aussichtspunkten wie Zimmerfenstern zur Straße, Treppenabsätzen und Fensterbrettern tagsüber Zugang hat. Vielleicht müssen Sie auch Hundegitter anbringen, um ihn aus dem Hausflur herauszuhalten oder in hinteren Räumen einzusperren, wo er nicht patrouillieren oder aufpassen kann. Hundegitter sind verschlossenen Türen vorzuziehen, da letztere den Hund ausgrenzt und ihn frustriert. Schränken Sie auch den Zugang des Hundes zu Seiten- oder Haustüren ein, von wo aus er Passanten anbellen könnte.

penaufzucht in Hundefarmen mit minimaler Fürsorge, können übergroße Ängstlichkeit begründen. Tierheimhunde haben oft einen überhöhten Adrenalinpegel und zeigen häufiger angstbasiertes Verhalten als Hunde, die unbeschwerter aufgewachsen sind. Der Wechsel von Besitzer und Heimatterritorium in ein neues zu Hause bringt die meisten Hunde durcheinander; das Resultat ist die erhöhte Alarmbereitschaft.

Forschungen haben gezeigt, dass Hunde, die wegen Krankheiten oder Verletzungen tierärztlich länger behandelt werden mussten, danach auch gesteigert wachsam und ängstlich sind. Hunde, die eine starke Bindung zu ihrem Besitzer haben und eine Anhänglichkeitsproblematik entwickeln (siehe Seite 118–119), zeigen oft eine extreme Angstwahrnehmung.

Eine »Höhle« (siehe Seite 120) bietet dem Hund einen beruhigenden, sicheren Schlupfwinkel, wenn ungewöhnliche Geräusche seine »Angriff-oder-Flucht«-Reaktion hervorrufen (siehe Seite 24–25). Die »Höhle« sollte in einem ruhigen Bereich zu Hause aufgestellt werden, der zur Hundezone wird.

Anzeichen für Ängstlichkeit und Hyperalarmbereitschaft

Territoriales Bellen – das Bellen und Verjagen von vorbeikommenden Hunden, Passanten oder Dienstmännern – ist ein frühes Anzeichen für einen überängstlichen und stressbedingt überwachsamen Hund. Dieses Verhalten wird auf einzigartige Weise belohnt, denn die Erleichterung, die manche Hunde nach dem offensichtlichen Erfolg beim Verjagen der angenommenen Bedrohung empfinden, ist bei weitem größer als irgendein Nutzen, den sie vielleicht aus ihrer aggressiven Handlung ziehen können. Wenn die Aggressionsfälle sich häufen, kann das durch die erhöhte Hormonaktivität tatsächlich zu extremem Suchtverhalten des Hundes führen. Mensch und Hund verlassen oft den Schauplatz des aggressiven Ausbruchs, was wiederum die Wahrnehmung des Hundes verstärkt, er hätte Erfolg gehabt, die potenzielle Bedrohung seines Menschen-Hunde-Rudels und seines Territoriums zu verjagen.

Trennungsstörung

Diese Verfassung bei Hunden entspricht in etwa der Trennungsangst beim Menschen, die meist bei überabhängigen Kindern auftritt, die auf die Trennung von einem Elternteil oder Beschützer mit Stresssymptomen und großer Angst reagieren. Hunde können natürlich nur Anzeichen für diese Verfassung zeigen, nicht so sehr die Symptome selbst, denn sie können uns nicht sagen, wie sie sich fühlen.

Wie und warum es dazu kommt

Eine Trennungsstörung ist ein Stresszustand, der sich bei zu starker Bindung an seinen Besitzer oder eine übermäßige Abhängigkeit entwickelt. Auslöser dafür können Besitzerwechsel bzw. Tierheimerfahrung sein, ein durch tiermedizinische Behandlung entstandenes Trauma, Krankheit, plötzliche Abwesenheit des Besitzers oder der Verlust eines Rudelmitglieds (ob Mensch oder Hund), Unsicherheit, Nervosität und Umzüge.

Diese Gemütsverfassung zeigen Tierheimhunde besonders häufig. Da niemand ihnen erklären kann, warum die frühere Bindung auseinanderbrach, haben sie Angst davor, einen weiteren Besitzer zu verlieren. Häufig zeigt sich das Verhalten bei Abwesenheit des Besitzers, in bestimmten Fällen aber auch schon, wenn der Hund seinen Besitzer nicht mehr sehen kann, beispielsweise während der Nacht. In seltenen Fällen kann sich das Problemverhalten aber auch selbst dann zeigen, wenn alle Familienmitglieder anwesend sind, was die wahre Natur des Problems verschleiert.

Oben: *Stressbedingte Fellpflege zeigen häufig die Hunde, die von ihren Besitzern extrem abhängig sind.*

Rechts: *Manche Hunde können eine Trennung von ihrem Besitzer nur schwer ertragen. Sie jaulen oder heulen, wenn er weggeht.*

Rechte Seite: *Das Heulen der Hunde während einer Trennung ist ein Echo auf das Verhalten ihrer Vorfahren, der Wölfe.*

Äußerungen während der Trennung

In der Natur bellen Hunde, um Alarm zu schlagen, rufen aber auch Rudelmitglieder herbei. Das Jaulen hingegen ist ein unterwürfiger Appell. Wie auch immer Ihr Hund sich während Ihrer Abwesenheit äußert: Wenn Sie schließlich zurückkommen, egal nach wie langer Zeit, hält er sein Verhalten für erfolgreich. Manche Nachbarn berichten, dass Hunde den ganzen Tag über bellen, während ihre Besitzer fort sind. Wenn das während Ihrer Abwesenheit passiert, zeigt der Hund das durch unmäßiges Wassertrinken. Der Stress und das wiederholte Bellen führen dazu, dass der Hund viel trinkt, um seinen Durst zu löschen und sein trockenes Maul zu befeuchten.

Welpen und Junghunde lernen schnell zu jaulen und zu bellen und auf sich aufmerksam zu machen, wenn sie ausgesperrt wurden oder von ihrem Besitzer getrennt sind. Wenn ein Besitzer dann schnell die Tür öffnet, sobald der Hund laut auf sich aufmerksam macht, begreift der Welpe bald, dass sein Bellen den Besitzer erfolgreich zurückbringt. Wiederholte Lautäußerungen sind oft ein frühes Zeichen für übergroße Abhängigkeit und den Beginn einer Trennungsstörung.

Wenn Ihr Hund während Ihrer Abwesenheit heult, ruft er in Wolfsmanier nach Ihnen. Der Wolfahn in ihm löst ein angeborenes Rufverhalten aus, das die Kaniden schon seit Jahrmillionen nutzen. Es ist bekannt, dass Wölfe auf Berghänge klettern und von der hohen Position aus über das nächtliche Tal rufen. Ein einsamer männlicher Wolf macht dies vielleicht, um nach einer Partnerin zu rufen oder um andere männliche Wölfe herauszufordern.

WIE KANN ICH WISSEN, OB MEIN HUND UNTER DER TRENNUNG VON MIR LEIDET?

Stellen Sie Ihre Videokamera auf ein Stativ und filmen Sie das Verhalten Ihres Hundes, wenn Sie sich zum Ausgehen fertig machen sowie während der ersten Zeit Ihrer Abwesenheit, denn das ist die kritische Zeit. Wenn das nicht geht, ist auch ein Tonaufnahmegerät eine weitere Erfolg versprechende Methode. Denn Lautäußerungen und Kratzgeräusche, Zeichen für Ängstlichkeit, werden aufgenommen, und Sie erhalten wertvolle Informationen darüber, in welchem Ausmaß Ihr Hund unter Trennungen leidet. Gefilmte Beweise von Hunden mit einer Trennungsstörung haben gezeigt, dass diese Hunde dieselbe emotionale Reaktion zeigen, ob sie nun fünf Minuten oder fünf Stunden allein gelassen wurden – der unmittelbare Kontaktverlust ist der entscheidende Faktor. Der schlimmste Tag für Hunde ist oft der Montag, da sie am vorausgegangenen Wochenende viel Zeit mit ihrem Besitzer verbringen konnten und besondere Spaziergänge gemacht haben.

ANZEICHEN FÜR EINE TRENNUNGSSTÖRUNG

Es gibt vier eindeutige Verhaltensmerkmale, die auf eine Trennungsstörung hinweisen:

• Wiederholtes Bellen, Jaulen oder Heulen.

• Urinieren/Koten/Erbrechen zu Hause.

• Zwanghaftes Kauen nicht essbarer Dinge, Graben und Kratzen an Türen und Türrahmen und das Zerfetzen von Bettzeug oder das Beschädigen von Haushaltsgegenständen wie Möbel.

• Stressbedingte Fellpflege – anhaltendes Lecken oder Knabbern an Vorderpfoten und Körper.

Sie können erfolgreich damit umgehen, indem Sie die Beziehung zu Ihrem Hund ändern. Reduzieren Sie die Hinweise darauf, dass Sie ihn allein lassen werden oder sonstige Bemühungen, um die Trennung für den Hund weniger stressig zu gestalten. Sobald er sich daran gewöhnt hat, allein gelassen zu werden, können Sie wieder zu einer normalen Beziehung zurückkehren.

Mit Trennungsstörungen umgehen

TRENNUNGSHINWEISE REDUZIEREN

Ihr Hund erkennt schon an Ihrem Verhalten, dass Sie ihn verlassen werden, weil sie beispielsweise arbeiten, einkaufen oder ausgehen wollen. Es lohnt sich, über die eigenen, für den Hund aussagekräftigen Handlungen nachzudenken, um sie in Zukunft vermeiden können. Den Nutzen durch die Verhaltensänderungen werden Sie nicht sofort haben, doch letztlich sind sie der Schlüssel für eine Besserung.

• Vermeiden Sie Phrasen, Anweisungen oder Versprechungen wie »Bis später!«, »Sei ein braver Junge!« oder »Ich bin bald zurück!«. Gehen Sie wortlos und so diskret wie möglich.

• Halten Sie Mantel und Schlüssel bereit. Schließen Sie sich in einem anderen Raum ein, wenn Sie sich zum Ausgehen fertig machen. Von Zeit zu Zeit ziehen Sie den Mantel an, nehmen die Schlüssel – und bleiben zu Hause.

• Geben Sie Ihrem Hund keine Kauknochen, Leckerbissen oder interaktive Spielzeuge, wenn Sie aufbrechen.

• Schalten Sie Fernseher oder Radio nicht an oder aus, bevor Sie das Haus verlassen. Ändern Sie die Zeiten Ihres Medienkonsums immer mal wieder.

• Tarnen Sie Geräusche wie das Anschalten des Anrufbeantworters, das Öffnen oder Schließen des Garagentors und das Anlassen des Wagens.

TROSTMASSNAHMEN

Hintergrundgeräusche können übermäßige Wachsamkeit bei Hunden mindern. Lassen Sie Fernseher oder Radio an, bevor Sie weggehen, und lassen es nach Ihrer Rückkehr noch eine Weile laufen, so dass das An- und Ausschalten nicht mit Abwesenheit verbunden wird.

Verstecken Sie ein Spielzeug oder einen Kauknochen, bevor Sie gehen. Der Fund reduziert mögliche Langeweile. Das wiederholte Kauen an einem Knochen wirkt beruhigend auf einen Hund. Wenn er nicht in einem Zimmerzwinger untergebracht ist, können Sie ihm auch einen Ball überlassen, mit dem er gut allein spielen kann. Sammeln Sie ihn nach Ihrer Rückkehr wieder ein, um den Reiz des Neuen zu erhalten. Lassen Sie ihn aber auch zwischendurch damit spielen, wenn Sie da sind, damit er diesen Ball nicht mit Ihrer Abwesenheit in Verbindung bringt.

EINE »HÖHLE« EINRICHTEN

Sie brauchen eine Hundebox, groß genug, dass Ihr Hund darin stehen kann, aber nicht so groß, dass er darin hyperaktiv werden könnte, und eine Spezielle

Abdeckung. Legen Sie das Bettzeug des Hundes hinein, dazu eines Ihrer Kleidungsstücke, das als Schmusetuch fungiert, und lassen Sie die Tür offen. Hier kann sich Ihr Hund zusammenrollen, entspannen und ausruhen. Visuelle Stimuli sind auf ein Minimum reduziert, und es gibt kein Aufpassen, kein Aufspringen und Bellen, wenn Leute vorübergehen.

DIE »HÖHLE« EINFÜHREN UND BENUTZEN

Zeigen Sie Ihrem Hund die Höhle ganz nebenbei. Lassen Sie ihn allein, damit er sie untersuchen kann. Wenn Ihr Hund die Box zunächst ignoriert, legen Sie heimlich ein neues Spielzeug hinein und geben ihm Zeit zum Nachforschen. Am besten experimentieren Sie mit der Hundebox nachts, wenn der Hund sich entspannt und bereit ist, sich auszuruhen. Geben Sie ihm mindestens eine

Woche Eingewöhnungszeit, in der er in aller Ruhe seine Höhle erkunden und sich darin einrichten kann. Je selbstsicherer er beim Betreten und Verlassen der Kiste ist, desto besser. Die Nutzung nachts ist für den langfristigen Erfolg entscheidend. Verschließen Sie die Hundebox nur dann, wenn Ihr Hund ruhig darauf reagiert.

Benutzen Sie die Höhle nie, um ihn zu bestrafen oder zum Tierarzt zu fahren, um negative Assoziationen zu vermeiden. Vor allem in den ersten Tagen wäre das besonders fatal.

Die Höhle ist vertrautes Refugium und wird so zur wertvollen Hilfe, wenn Sie z. B. umziehen, eine Autoreise unternehmen, Ferien im Wohnwagen machen oder Ihren Hund woanders hin mitnehmen. Geben Sie ihm sein normales Futter nicht in der Höhle.

Oben: *Verstecken Sie einen Kauknochen für Ihren Hund, den er entdeckt, nachdem Sie das Haus verlassen haben. Das wird seine Nerven beruhigen.*

Zerstörerisches Verhalten

Wenn ein Hund, der allein gelassen wird, kratzt, kaut oder gräbt, zeigt damit, dass er sich gefangen fühlt fühlt. Wenn Sie nach Ihrer Rückkehr überall zerfetztes Papier sehen, wirkt das wie willkürlicher Vandalismus, aber tatsächlich ist es nur die Art Ihres Hundes, mit dem Trennungsstress umzugehen.

Stressbedingtes Kratzen

Ein Hund, der unter trennungsbedingter Verhaltensstörung leidet, will nicht allein gelassen werden, egal für wie kurz oder lang. (siehe Seite 118 – 119). Sobald der Besitzer gegangen ist, kratzt der Hund an der Tür, durch die der Besitzer gerade verschwunden ist und vergessen hat, ihn mitzunehmen. Normalerweise öffnet ein Hundebesitzer die Tür, wenn er hört, dass sein Hund daran kratzt. Weil das Türkratzen funktioniert, glaubt der Hund, dass das immer klappt. Aber die Tür bleibt nun geschlossen, also kratzt der Hund verzweifelter, bis aus seinem panischen Verhalten ein manisches wird. Sein Kratzen wird dann zu einem stereotypischen Verhalten – einer wiederholten Handlung (siehe Seite 148–149). Zwar öffnet die Türkratzerei nicht die Tür, aber der Hund wird trotzdem dafür belohnt, denn sein Verhalten führt zum Ausstoß der Hormone Dopamin und Serotonin, und er fühlt sich besser. Der Haken dabei: Sobald der Hormonausstoß zurückgeht, beginnt er wieder von Neuem zu kratzen.

Destruktives Kauen

Wenn sie die Tür nicht mehr attackieren, akzeptieren viele Hunde scheinbar, dass es keinen Weg nach draußen gibt. Jene Hunde, die übermäßig abhängig von ihren Besitzern sind, werden alle Räume nach offenen Türen absuchen. Mancher Hund hält nach Kleidungsstücken, Schuhen oder Pantoffeln Ausschau, als ob er einen Zugang zum Geruch seines Besitzers bräuchte. Sobald er gefunden hat, was er suchte, schleppt er seinen Besitz vielleicht in seinen Korb oder er beginnt mit dem Zerkauen. Genau wie beim wiederholten Türkratzen bekommt der Hund eine hormonelle Belohnung, wenn er seine ganze Aufmerksamkeit auf das Kauen richtet. Sanftes Lecken und Kauen kann sich zu einem manischen Verhalten entwickeln, und so mancher Besitzer fand nach seiner Rückkehr nur noch zernagte Schuhe.

Hundebesitzer berichteten schon von ganzen Sofas, die in ihre Einzelteile zernagt wurden und von Betten und Bettdecken, die buchstäblich zerfleddert wurden, so groß ist die Kraft manischen, hormonbelohnten Verhaltens. Wenn solche Hunde im Freien zurückgelassen werden, ist Graben das Mittel ihrer Wahl. Hund haben schon Plastikteile, Holz, Socken, Unterwäsche und sogar Mobiltelefone verschluckt, und die nachfolgenden Operationen haben den Stressfaktor, der diese Hunde zu ihrem Verhalten getrieben hat, nur erhöht.

Frühes Kauen

Ein großes Kaubedürfnis ist für einen Hund im Alter von bis zu sechs Monaten völlig normal. Die Zähne des jungen Hundes werden durch das Kauen gekräftigt. Hat er Büffelhautknochen oder hartes Nylonspielzeuge zum Kauen und nimmt sich trotzdem Möbel und Schuhe vor, sollte alsbald gehandelt werden und mit Training-Disks eine Nichtbelohnung signalisiert werden (siehe Seite 75). Wenn Ihr Hund dann auf einem geeigneten Gegenstand herumkaut, belohnen Sie ihn. Wenn er nach der Zahnungsperiode weiterhin viel kaut, deutet dies unter Umständen auf die Entwicklung eines stressbedingten Zwangsverhaltens hin (siehe Seite 148–149).

Oben links: *Alleingelassene Hunde suchen oft nach Sachen des Besitzers. Schuhe sind besonders beliebt.*

Rechts: *Destruktives Verhalten von alleingelassenen Hunden ist immer als Zeichen von Stress und nicht als Vandalismus zu werten.*

SOLLTE ICH MEINEN HUND BESTRAFEN ODER SOLLTE ICH IHM MEHR LIEBE ZEIGEN?

Bestrafung führt nur zu noch größerer Trennungsangst und zusätzlichem Stress, mehr Streichel- und Schmuseeinheiten andererseits zu einer noch größeren Anhänglichkeit. Kompetente Hundebesitzer werden erkennen, dass der Fehler für das unerwünschte Verhalten nicht beim Hund liegt und suchen nach Abhilfe. Andere Hundebesitzer, deren eigene Stressbelastbarkeit bereits an eine Grenze gekommen ist, denken vielleicht über den Wechsel zu einem anderen Besitzer nach, der den ganzen Tag mit dem Hund zusammen sein kann. Unter Anleitung eines Tierverhaltenstherapeuten ist das destruktive Verhalten durchaus behandelbar.

Falsches Sauberkeits-verhalten

Wenn ein Hund allein zu Hause gelassen wird, hat ein Malheur selten mit einem körperlichen Bedürfnis zu tun, sondern mit seinem durch die Trennung vom Besitzer erzeugten Stress und dem daraus folgenden Bedürfnis, sein Territorium zu markieren.

Wie und warum es passiert

Unpassendes Urinieren und Koten sind nicht zu verwechseln mit Schwierigkeiten bei der Sauberkeitserziehung von Welpen, manchmal verursacht durch zu frühe Trennung von der Mutter. Hunde, die unter Trennungsstörungen leiden (siehe Seite 118–119) urinieren oder koten in dem Moment, in dem der Besitzer das Haus verlässt und die Tür hinter sich zuzieht, das haben Forschungen ergeben. Die Parallele beim Menschen ist das Bettnässen von Kindern, was ebenfalls unbewusst geschieht und oft eine emotionale Antwort auf ihre Probleme darstellt. Ein Hund kann sich aus der inneren Bedrängnis und Unsicherheit vorübergehend Erleichterung verschaffen, wenn er sein Territorium mit seinem Geruch markiert. Denn sowohl Urin wie auch Kot werden instinktiv als Geruchsmarkierung verwendet (siehe Seite 84).

Mögliche Ursachen

Überabhängige Hunde können sich durch das Urinieren und Koten Erleichterung verschaffen. Es ist sehr selten körperliche Notwendigkeit, und es ist auch kein »schmutziges Verhalten«, wie wir vielleicht denken. Ein Hund, der eine starke Bindung zu seinem Besitzer hat, empfängt jedes Mal, wenn er markiert hat, eine »chemische Erleichterung« in seinem Gehirn und kann nach diesem Gefühl süchtig werden.

Wird diese Verhaltensstörung zu sehr beachtet, wird die Not des Hundes umso größer, wenn er wieder allein gelassen wird. Zu viel Zuwendung kann Hunde verstören. Sind mehrere Hunde im Haus, kann ein weiteres Problem durch gegenseitiges »übermarkieren« (siehe Seite 80 und 84) auftauchen, und dies kann einen Markierungskreislauf fördern. Wenn der Hund in seiner Familie besonderem Stress ausgesetzt ist, kann dies ebenso dazu führen, dass er sich am falschen Ort erleichtert

Anhänglichkeitsprobleme und territoriale Unsicherheit (oft beobachtet bei geretteten oder adoptierten Hunden) können einen Hund dazu bringen, Stress durch das Urinieren oder Koten im »inneren Territorium« seines Heims abzubauen. Bei Abwesenheit des Besitzers kann eine Höhle, ein Rückzugsbereich, dem Hund helfen, sich an Trennungsperioden zu gewöhnen. Wenn eine rasche Lösung des Problems erreicht werden soll, ist es ratsam, dem Hund bei Abwesenheit des Besitzers möglichst wenig Gelegenheiten zum Urinieren oder Koten in der Wohnung zu geben. Denn jedes Mal, wenn ein Hund im Haus markiert – besonders während der Trennungsphase – fördert oder verstärkt diese Handlung das Verhalten, und jegliche potenzielle Neigung zum Markieren wird befriedigt. Man muss mit größter Sorgfalt vorgehen, um ein trennungsbezogenes Sauberkeitsproblem nicht zu verstärken, wobei wichtig ist, Bestrafungen um jeden Preis zu vermeiden und das Malheur nicht vor den Augen des Hundes wegzuwischen.

Oben: Für Welpen ist ein kleines Malheur normal, doch Sauberkeitsprobleme bei Abwesenheit des Besitzers sind Zeichen eines verunsicherten Hunds.

Rechte Seite: Wenn ein Hund während der Trennungszeiten Sauberkeitsprobleme hat, an angemessenen Orten uriniert oder sich löst, sollte dies mit Lob, Leckerbissen oder dem Klicker stark belohnt werden.

WIE SOLLTE ICH MEINEN HUND BEHANDELN, WENN ER EINE SAUEREI ANGERICHTET HAT?

Dabei müssen Sie sehr sorgsam umgehen, andernfalls wird der Stress für Ihren Hund noch größer.

Lassen Sie den Hund nur in einem Raum, stellen Sie Hindernisse wie große Pappkartons in seine bevorzugten Ecken. Säubern Sie alle verschmutzten Bereiche gründlich mit einem biologischen Sprühreiniger statt mit einem starken Desinfektionsmittel, um den Wunsch des Hundes zu vermindern, den ursprünglich verschmutzten Ort überzumarkieren. Beseitigen Sie den Unrat nie vor den Augen Ihres Hundes. Schimpfen Sie auch nicht mit ihm und schreien Sie ihn nicht an, denn er kann Ihre Reaktion mit einem Ereignis in der Vergangenheit nicht in Verbindung bringen, und Sie verstärken nur seine allgemeine Verunsicherung.

Ermuntern Sie Ihren Hund, in einem bestimmten Bereich des Gartens zu urinieren oder sich zu lösen. In den ersten Wochen dieser Therapie sollten Sie diesen Teil des Gartens nicht übermäßig säubern und Ihren Hund dazu bringen, ihn nach dem Spaziergang, morgens oder abends, zu besuchen und zu benutzen (durch die Verwendung eines Klickers, siehe Seite 74). Belohnen Sie Ihren Hund für jede Erkundung dieses Bereichs oder eine »Toilettenbenutzung« großzügig mit Klicken, viel Streicheln und verbalem Lob.

Wenn Ihr Hund doch wieder in die Wohnung gemacht hat: Bringen Sie Fäkalien oder uringetränktes Papier (verwenden Sie Küchenkrepp, um etwas Urin aufzuwischen) von der Wohnung zum Toilettenbereich im Garten, denn Ihr Hund wird mit den Gerüchen »Umgang pflegen«.

Geräuschempfind-lichkeit

Hunde haben empfindliche Ohren und können hohe Frequenzen hören , wie wir Menschen nicht. Wenn Hunde hyperalarmbereit sind oder eine übermäßige Anhänglichkeit zu ihrem Besitzer entwickelt haben, können bei so unbedeutenden Geräuschen in Panik geraten, dass wir ihnen nicht weiter nachgehen.

Wie und warum sie auftritt

Geräuschempfindlichkeit kann bei Hunden Ausdruck von allgemeiner Verunsicherung und fehlenden Selbstvertrauens beim Umgang mit gewöhnlichen Ereignissen des täglichen Lebens sein, und viele Geräuschen können für einen nervösen Hund äußerst bedrohlich sein. Laute Geräusche wie ein Feuerwerk, Auspuffknallen oder Industrielärm, die sie zum ersten Mal hören, haben eine lang anhaltende Wirkung auf manche Hunde. Selbst ganz harmlose Geräusche, vom Fensterputzer, der seine Leiter gegen die Außenwand lehnt, bis zum »Pling« der Mikrowelle verbinden einige Hunde ebenfalls mit Angst.

Wenn erst einmal negative Assoziationen durch ein – auch nur einmaliges – Geräusch entstanden sind, kann es

Oben: Terrier können gegenüber ungewöhnlichen Geräuschen empfindlich sein und nehmen oft eine erhöhte Position ein, um aufzupassen und zu bellen, wenn sie ein Geräusch hören.

Rechts: Wenn ein Hund sich duckt oder am Boden entlang kriecht, kann seine Geräuschempfindlichkeit eine »Angriff-oder-Flucht-Reaktion« ausgelöst haben.

Oben: *Wenn bei einem Spaziergang bestimmte Geräusche negativ assoziiert wurden, kann es schwierig sein, die Panik-reaktion zu behandeln.*

Soll ich meinen Hund streicheln, wenn er Angst vor Geräuschen hat, um ihn zu beruhigen?
Geräuschempfindlichkeit bei Hunden kann durch Strei-cheln, Tätscheln oder besondere Zuwendung nicht über-wunden werden. Tatsächlich verschlimmert diese mensch-liche Zuwendung das Problem für den Hund, weil es ihn noch mehr beunruhigt. Die freundliche Reaktion des Besit-zers suggeriert dem Hund möglicherweise, dass ihn dieses Geräusch ebenfalls stört und ängstigt.

Wie sollte ich meinem Hund helfen, wenn er Angst vor Geräuschen hat?
Setzen Sie Ihren Hund allen möglichen Geräuschen aus. Stellen Sie das Radio relativ laut, um andere Geräusche zu übertönen. Lenken Sie ihn mit Knochen, Bälle und anderem Spielzeug ab, um die Gefahr einer sich entwickelnden potenziellen Hyperalarmbereitschaft zu reduzieren. Pro-bieren Sie es mit kurzen Apportierspielen, bei denen Ihr Hund mit Leckerbissen belohnt wird. Bieten Sie ihm eine »Höhle« an (siehe Seite 120–121), in die er sich zurück-ziehen kann, wenn er ein beängstigendes Geräusch hört. Oft genügt dafür zunächst ein großer Pappkarton als Provisorium.

Soll ich meinem Hund Angst machende Geräusche vorspielen, um ihn daran zu gewöhnen?
Was zur Behandlung menschlicher Phobien genutzt wird, z. B. die Konfrontation mit dem Objekt der Angst, bekannt als »Flooding«, hat bei Hunden nachgewiesenermaßen gar keinen Erfolg. Untersuchungen haben ergeben, dass eine Fluchtreaktion ausgelöst wird, je mehr ein nervöser Hund mit der Ursache seiner Angst konfrontiert wird. Sich einen Schutzort oder eine Höhle zu suchen oder zu schaffen (siehe Seite 38–39) ist ein instinktives Verhalten von Hunden.

Eine übergroße Anhänglichkeit an den Besitzer (siehe Seite 114–115) und eine zugrunde liegende Hyperalarm-bereitschaft (siehe Seite 116–117) sind oft die Gründe dafür, dass gewöhnliche Haushaltsgeräusche einen Hund nervös machen. Sobald die Methoden, um den Wachsamkeitsgrad des Hundes zu verringern, nach ein paar Monate Erfolg zeigen (siehe oben), ist es sinnvoll, zur Ablenkung Appor-tierspiele mit ihm zu spielen, dabei den Klicker als Beloh-nungssignal einzusetzen und im Hintergrund Aufnahmen der ängstigenden Geräusche abzuspielen.

schwierig sein, diese Verknüpfung wieder zu lösen. Dies gilt besonders, wenn die negative Assoziation während eines Spaziergangs auftrat oder wenn der Hund ganz allein zu Hause war und seine Alarmbereitschaft dadurch erhöht war. Geräuschassoziationen können bei ruhigen Hunden auch ganz anders funktionieren, bei Jagdhunden beispielsweise, denen lautes Gewehrknallen nichts ausmacht, weil sie das Geräusch positiv mit Arbeit und Ausbildung verbinden.

Panikreaktionen

Erschreckende Geräusche können beim Hund eine »Angriff-oder-Flucht-Reaktion« (siehe Seite 24–25) auslösen. Hunde ducken sich dann, laufen weg oder verstecken sich unter Möbeln. Wenn das ängstigende Geräusch von draußen kommt, verweigert der Hund vielleicht sogar den Spaziergang.

Aggressionsausbrüche

Hunde können von einem treuen Begleiter plötzlich zur akuten Bedrohung werden. Die Analyse eines Aggressionsausbruchs und zu wissen, wie mit diesem unerwarteten Verhalten am besten umgegangen wird, ist der Schlüssel zum Verständnis eines verwirrten Hundes.

Wann es passiert

Zu Aggressionsausbrüchen kommt es, wenn ein Hund sich zu unsozialem Verhalten veranlasst sieht, um Zugang zum Besitzer, zu Futter oder Spielzeug zu bekommen. Attacken erfolgen beispielsweise, wenn der Hund eine erhöhte Position einnimmt, um Dominanz zu zeigen. Bei mehreren Hunden zu Hause kommt es rund um Türschwellen oder beengten Stellen oft zu Aggressionsausbrüchen, auch beim Ein- und Aussteigen aus dem Auto.

Warum es passiert

Es ist nicht leicht zu akzeptieren, dass ein Familienhund nach einem Familienmitglied oder Fremden geschnappt hat. Wenn herausfordernde Hunde knurrend ihr Spielzeug verteidigen, ist es schwer, zwischen unschuldigem Spielverhalten und inakzeptablem Verhalten zu unterscheiden. Ein Spielknurren ist normalerweise höher im Tonfall als ein aggressives Knurren. Ein Knurren über dem Futternapf sollte aber nicht einfach akzeptiert werden. Bei einigen Hunden gehen solche futterbezogenen Probleme darauf zurück, dass sie als Welpen aus großen Würfen um Futter kämpfen mussten und deshalb auch später noch dazu neigen, ihr Futter zu verteidigen.

Unsoziales Verhalten ist bei geretteten und adoptierten Hunden nicht ungewöhnlich, und die Gründe für die Aggression können Misshandlungserfahrungen sein oder dass ein Streuner immer wieder über längere Zeit hungrig blieb. Nervöse und aufgeregte Hunde reagieren häufig aggressiv. Je ruhiger und ausgeglichener ein Hund ist, desto besser kann man einer aufkeimenden Aggression entgegensteuern, bevor aus dem Knurren plötzlich Beißen wird.

WAS SOLLTE ICH TUN, WENN MEIN HUND KNURRT ODER AGGRESSION ZEIGT?

Dies kann passieren, wenn Sie ihm sein Futter wegnehmen, wenn der Hund einen anderen Hund sieht, beim Zurückrufen oder wenn er ein Spielzeug herausrücken oder wenn er einen anderen Raum aufsuchen soll.

Es ist wichtig, dass Sie keinen Blickkontakt aufnehmen, dass Sie sich nicht auf seine Ebene begeben, dass Sie nicht mit ihm sprechen oder ihn anschreien. Begeben Sie sich an einen anderen Ort (Raum oder Gartenbereich) und rufen Sie ihn. Fürs Kommen und Gehorchen auf den Befehl »Sitz!« belohnen Sie ihn mit dem Klicker (siehe Seite 74). Diese Strategie wird sein Verhalten von Herausforderung zu Gehorsam ändern.

Wenn er blockiert und Sie ihn antreiben müssen, auf Ihren Befehl zu reagieren, benutzen Sie eine Belohnungspfeife (siehe Seite 75). Belohnen Sie ihn mit einem Spielzeug, streicheln Sie ihn, loben Sie ihn und signalisieren Sie mit dem Klicker, dass er gehorsam war und auf Ihre Befehle reagiert hat.

Wenn er herausfordernd knurrt, geben Sie ihm ein klares Signal mit Trainings-Disks (siehe Seite 75) und sagen Sie ganz bestimmt: »Nein«. Sobald er positiv reagiert, nutzen Sie die Belohnungspfeife oder verwenden den Klicker, um ihn dafür zu loben, dass er sich passiv zu verhalten hat.

Mit dem Verhalten umgehen

Wenn Ihr Hund verbotenerweise auf dem Sofa liegt und runterspringen soll, Sie deshalb anknurrt statt zu gehorchen, fordert er Ihre Überlegenheit aus einer höheren Position an. Üblicherweise wird der Hund am Halsband vom Sofa heruntergezogen, um ihm zu zeigen, wer der Boss ist, aber diese Reaktion erlaubt eine Konfrontation auf einem niedrigeren, körperlichen Level. Dieser physische Level könnte ein Vorteil für den Hund sein, denn aufgrund seiner begrenzten geistigen Fähigkeiten kann er nicht auf psychologischem Niveau mit dem Besitzer konkurrieren. Es ist daher viel besser, in strengem Ton »Nein« zu sagen (oder eine Nichtbelohnung durch die Verwendung von Trainings-Disks zu signalisieren, siehe Seite 75) und Ihren Hund in einen anderen Raum zu rufen.

Manche Aggressionsausbrüche bei Hunden treten so plötzlich auf, dass es schwierig ist, darauf vorbereitet zu sein. Achten Sie deshalb, um für Vorfälle dieser Art gewappnet zu sein, auf jedes noch so kleine Anzeichen für Hyperaktivität, auf exzessives Bellen, Knurren oder die Weigerung, einem Befehl zu folgen.

Linke Seite: *Vermeiden Sie Augenkontakt mit einem aggressiven Hund, da die direkte Konfrontation ihn reizen kann.*

Unten: *Knurren und gebleckte Zähne gehören zur Hundesprache. Im Freien werden dadurch Konkurrenten abgeschreckt.*

Fäkalien fressen

Manchmal bringen Hunde uns mit ihrem Verhalten zum Lachen, manchmal wenden wir uns angeekelt ab. Wenn Ihr Hund gerne seine eigenen Hinterlassenschaften recycelt, sollten Sie den Hundedoktor rufen.

Warum es passiert

Kotfressen oder Koprophagie ist bei Hunden das instinktive Wiederverwerten teilweise verdauten Futters. Es ist ein natürliches Verhalten der Mutterhündin, wenn sie in der Neugeborenenphase die Hinterlassenschaften ihrer Welpen wegputzt. In der freien Wildbahn ist Kot für die jüngeren Rudelmitglieder eine Quelle von unverdauten Knochen oder Haut und somit vielleicht eine lebensrettende Mahlzeit.

Bei unseren Haushunden kann dieses Verhalten von der Mutter oder von anderen älteren Hunden erlernt worden sein. Es tritt auch bei Welpen auf, die in ärmlicher Umgebung herangewachsen sind. Ein weiterer Auslöser kann die Verfügbarkeit der Fäkalien anderer Hunde, Katzen, Pferde und kleinerer Haustiere während der Welpen- und Nachwelpenphase bis zum Erwachsenenalter sein. Es kann auch mit Krankheit oder Langeweile zusammenhängen, oder mit Unzufriedenheit mit dem verfügbaren Futter, und auch mit stressbedingten Situationen, wenn ein Hund wegen der Abwesenheit seines Besitzer seinen Darm zu Hause entleert (siehe Seite 124–125).

Fachleute empfehlen als erste Maßnahme eine Ernährungsumstellung zu ballaststoff- und proteinreichem und kohlenhydratarmem Futter. Wenn ein Hund bereits ausgewogen ernährt wird, dann sind Ernährungsprobleme eher nicht der Grund des Problems.

Reaktionen der Hundebesitzer

Das Kotfressen gehört für alle Hundebesitzer zu dem am wenigsten erwünschten Verhalten ihres Lieblings. Manche sind so verständnislos, dass sie ihre Hunde deswegen sogar einschläfern lassen. Diese Überreaktion kann dadurch hervorgerufen worden sein, dass der Hund nach dem Kotfressen einem Menschen das Gesicht ablecken könnte. Hundebesitzer können unbewusst Teil des Problems werden, denn als Reaktion auf deren dramatische Missbilligung lernen Hunde schnell, es heimlicher zu machen, und ein Einschreiten kann dazu führen, dass sich der Hund nach dem Koten mit dem Fressen besonders beeilt, weil seiner Wahrnehmung nach der Besitzer mit ihm um diese Fäkalien konkurriert.

Die Bekämpfung der Koprophagie erfordert viel Geduld und Verständnis. Wenn sie richtig behandelt wird, kann dieses beunruhigende Verhalten geändert und wieder eine gesunde interaktive Situation zwischen Hund und Besitzer herstellen.

Oben: *Hunde können durch interessante Gerüche ihrer eigenen Fäkalien oder von denen anderer Tiere stimuliert werden.*

Rechte Seite: *Verwenden Sie eine Belohnungspfeife, um einen Hund, nachdem er gekotet hat, von seinem Vorhaben abzulenken.*

WIE BRINGE ICH MEINEN HUND DAVON AB, SICH SO ZU VERHALTEN?

Wenden Sie Aversionsmethoden an, wenn Ihr Hund seinen eigenen Kot inspiziert, um eine negative Assoziation hervorzurufen. Die beste Möglichkeit ist vielleicht ein Erziehungshalsband, das per Fernsteuerung einen unangenehmen Geruch versprüht (siehe Seite 74). Ihr Hund wird den überwältigenden Geruch schnell mit seinem Verhalten assoziieren und als Folge das Kotfressen reduzieren oder oft sogar ganz aufgeben.

Wenn er dieses Verhalten gleich nach dem Koten zeigt, lassen Sie Trainings-Disks ertönen (siehe Seite 75) oder nutzen Sie das Geruchshalsband. Wenn das Verhalten dadurch unterbrochen wurde, rufen Sie Ihren Hund zu sich oder benutzen Sie eine Belohnungspfeife, dann drücken Sie zur Belohnung den Klicker und loben Sie ihn.

Wenn er seinen Darm schon im Haus oder im Garten entleert hat, bringen Sie den Hund in ein anderes Zimmer, so dass er nicht zusehen kann, wie Sie den Kot entfernen und sauber machen. Benutzen Sie einen biologischen Sprühreiniger, um den Geruch zu überdecken und seinen Wunsch zu vermindern, denselben Ort wiederum zu verschmutzen. Wenn Sie spazieren gehen, benutzen Sie ein Spielzeug an einem Seil, auf das Sie seine Aufmerksamkeit lenken können, während Sie den Kot einsammeln. Bleiben Sie ruhig und machen Sie das Geschehen nicht spannend und interessant für ihn.

Es ist wichtig, Geduld mit Ihrem Hund zu haben. Ihn für ein Malheur zu züchtigen, würde nur seinen Stress erhöhen und vielleicht sogar den falschen Eindruck bei Ihrem Hund wecken, mit Ihnen um die Fäkalien zu konkurrieren (siehe oben).

Wenn das Kotfressen in Ihrer Abwesenheit passiert, benötigen Sie eventuell eine Hundebox oder einen abgedeckten Hundekäfig (siehe Seite 121) in Verbindung mit professionellen Ratschlägen von einem Tierpsychologen.

Sich verstecken

Hunde sind Rudeltiere, und sie haben wie wir das Bedürfnis, Teil einer Familie oder eines Sozialverbandes zu sein. Wenn ein Hund sich aus dem Familienleben zurückzieht, ist das ein Zeichen dafür, dass er sich unwohl fühlt und mit dem Alltag nicht zurecht kommt. Dafür kann es viele Ursachen geben.

Wie es auftritt

Hunde können von dem Moment an nervös sein, in dem sie Teil der Familie werden. Dieses generell nervöse, oft für Schüchternheit gehaltene Verhalten führt dazu, dass der Hund sich unter Tischen oder Stühlen versteck, wenn Besuch kommt oder zurückweicht, wenn sich eine Person unerwartet bewegt. Manche Hunde urinieren sogar in einem Akt der Unterwerfung bei der Begegnung mit Menschen, während andere auf allen Vieren kriechen, als würden sie eine Bestrafung erwarten.

Warum es auftritt

Wenn ein gesunder Welpe sich versteckt, deutet dies auf ein generelles Fehlen von Geselligkeit an, was meist auf schlechte Erfahrungen im frühen Welpenalter zurückzuführen ist. Vielleicht wurde er der Mutterhündin zu früh weggenommen. Manchmal kann ein scheuer Hund in einer ungeeigneten Umgebung aufgewachsen sein, wie zum Beispiel in einer Tierhandlung oder Welpenfarm. Aber es kommt auch vor, dass

Hunde, die auf Bauernhöfen aufgezogen wurden und nur eine Arbeitsbeziehung zu Menschen kennen gelernt haben, eher für das ländliche als für das Leben im Familienverband geeignet sind.

Wenn ein Hund sich von seinem Besitzer und aus dem Familienalltag zurückzieht und sich vor allem, was nicht lebensnotwendig ist, versteckt, ist das ein sicheres Zeichen dafür, dass sein Vertrauen in sein soziales Umfeld irgendwie verloren gegangen ist. Die empfohlene Vorgehensweise hier ist, einen Verhaltenspsychologen für Tiere aufzusuchen.

Oben: Nervöse Hunde werden in begrenzten Räumen Zuflucht suchen, wie hinter einem Sessel oder dem Sofa.

Rechte Seite: Ein unglücklicher Hund braucht behutsame Ermunterung, um wieder am Familienleben teilzunehmen.

WIRD MEIN HUND SICH DURCH LIEBKOSUNGEN BESSER FÜHLEN?

Wenn ein Hund sich von seiner Familie zurückzieht, bedeutet dies, dass er das Leben nicht genießt. Die liebevolle Handlung eines Besitzers führt nur selten dazu, dass der sich versteckende Liebling wieder in den Kreis seiner Familie zurückkehrt.

Hunde, die sich verstecken, brauchen ein geeignetes Schlupfloch, in dem sie sich sicher fühlen können. Eine »Höhle« zu Hause schafft ihm eine natürliche Rückzugsmöglichkeit (siehe Seite 120). In der »Höhle« fühlt der Hund sich vor potenziellen Bedrohungen sicher, seien sie real oder imaginär.

Beobachten Sie, bei welchen Gelegenheiten Ihr Hund sich am wohlsten fühlt und bauen Sie auf diesem positiven

Aspekt auf, indem Sie ihn zur Interaktion animieren und diese dann besonders belohnen. Wenn er nur bei Spaziergängen glücklich zu sein scheint, versuchen Sie, mehrere kürzere, 15-minütige Spaziergänge einzuführen, statt ihn nur auf einen langen Spaziergang mitzunehmen. Sie können ihn dabei zu kurzen Apportierspiele auffordern, wobei Sie gute Leistungen mit aufregenden Leckerbissen oder Lob belohnen, was auch mit dem Geräusch eines Klickers in Verbindung gebracht werden kann (siehe Seite 74).

Wenn Ihr Hund gerne frisst, könnten Sie seine täglichen Mahlzeiten auch zu Suchspielen gestalten, bei denen er nach Futter sucht, das zum Teil im Haus oder im Garten versteckt ist (siehe Seite 89). Sobald Sie sehen, dass Ihr Hund endlich wieder richtig Spaß an etwas hat, können Sie eventuellen erneuten Rückzugstendenzen vorbeugen, indem Sie wiederholen, was ihm Freude bereitet hat.

Über- oder Unterfütterung

Hunde können gelegentlich Essstörungen entwickeln. Wenn sie wählerisch beim Fressen werden oder das Interesse am Futter verlieren, ohne dass es körperliche Gründe dafür gibt, könnte dies auf eine psychologische Ursache deuten. Andererseits können Hunde aber durch zu viel Futter oder falsche Ernährung auch übergewichtig werden.

Wählerische Esser

Hunde lernen schnell, dass sie etwas anderes angeboten bekommen, wenn sie das vorhandene Futter ablehnen. Das kann zu wählerischem Essverhalten führen. Ein Bettelblick bringt Sie leicht dazu, eine andere Dose zu öffnen. Hunde, die mit Leckerbissen vom Tisch gefüttert werden oder Fast Food bekommen, langweilt ihr eigenes, speziell auf ihre Bedürfnisse zusammengestelltes Futter. In mancher Hinsicht ist es, als würde man Kindern zwischen einem Schokoriegel und Brokkoli die Wahl lassen; die meisten würden sich wohl nicht für die gesündere Option entscheiden, und Hunde sind da nicht anders. Die Inhaltsstoffe gebrauchsfertiger Hundenahrung sind ausgewogen, und es ist ungesund, einem erwachsenen Hund viel Protein (Fleisch, Käse oder Huhn) zuzuführen.

Gewichtsverlust

Hunde, die nicht mehr gut fressen, haben entweder eine negative Assoziation zum Futter entwickelt, oder sie leiden unter einer seelischen Störung, die mit fehlendem Appetit einhergeht. Machen Sie das Füttern interessanter, um seinen Appetit zu steigern. Futtersuchspiele (siehe Seite 89), bei denen der Hund seine Mahlzeit aus Fleisch und Hundekuchen suchen muss, können dabei helfen. Arbeitshunde treiben normalerweise Schafe zusammen, apportieren einen geschossenen Vogel oder bewachen den Grundstückszaun, bevor sie etwas zu Fressen bekommen. Ähnlich kann Ihr Hund ermuntert werden, vor der Nahrungsaufnahme zu »arbeiten«, indem er zuerst Aufgaben lösen muss oder Sie mit ihm Suchspiele durchführen.

Hunde können den Geschmack an Hundefertignahrung verlieren, wenn ihnen menschliche Nahrung mit Salz und Zucker angeboten wird Wenn sie dann lange Spaziergänge machen, kann das zu dramatischem Gewichtsverlust führen. Bevor ein Hund nicht zugenommen hat, sollten Spaziergänge kürzer sein. Alle Hunde, aber besonders jene mit akutem Gewichtsverlust, sollten nach einem Spaziergang gefüttert werden. Dann sollten sie sich ausruhen können, um ihr Futter richtig zu verdauen.

Oben: Fettleibigkeit kann bei Hunden zu Organversagen und Gesundheitsproblemen führen. Ein übergewichtiger Hund sollte auf eine streng überwachte Diät gesetzt werden.

Links Wenn ein Hund sein Futter stehen lässt, weil er lieber menschliche Nahrung frisst, kann das zu Problemen und sogar Magersucht führen.

Hungrige Hunde

In freier Natur weiß ein Hund nicht, wann und woher seine nächste Mahlzeit kommt, also frisst er, wenn es denn genug gibt, so viel er nur kann. Deshalb können domestizierte Hunde mit gesundem Appetit recht gefräßig sein. Doch ein gesteigerter Appetit kann das Bedürfnis zu exzessivem Fressverhalten auslösen, das zu Übergewicht führt und die Gesundheit des Hundes beeinträchtigt.

Wenn ein gefräßiger Hund nur zu seinem Napf gehen muss, der immer gefüllt ist, wird er zunehmen. Am besten ist es, bestimmte Futtermengen in zwei oder drei Mahlzeiten täglich anzubieten, anstatt dem Hund zu erlauben, seine ganze Ration auf einmal zu fressen.

Exzessive Gewichtszunahme kann unbemerkt geschehen, besonders wenn die Zunahme sich über mehrere Monate erstreckt. Adipöse Hunde sollten nicht nur weniger Futter bekommen, sondern auch viel Bewegung haben. Ihr Gewicht sollte regelmäßig in einer Tierklinik überwacht werden, bis sie den ihrer Rasse und ihrem Geschlecht entsprechenden Body-Maß-Index erreicht haben. Ältere Hunde, die lieber kürzere Spaziergänge machen, können ein Futter mit reduziertem Proteingehalt bekommen, um eine gesunde Gewichtsabnahme zu bewirken.

Unten: Gehen Sie mit Ihrem Hund spazieren, bevor Sie ihn füttern, damit er seine Energie abarbeiten kann.

FRAGEN UND ANTWORTEN: FÜTTERUNGSPROBLEME

Was soll ich tun, wenn mein übergewichtiger Hund zu viel frisst?

Lassen Sie die erforderliche Futtermenge, die dem Alter, der Rasse und dem Geschlecht Ihres Hundes entspricht, in Ihrer Tierarztpraxis ermitteln. Teilen Sie die tägliche Menge in drei Portionen. Geben Sie ihm sein Futter nur nach einem Spaziergang und einer »Arbeit«. Verstecken Sie seine Futterschüssel und lassen Sie ihn danach suchen.

Mein Hund ist nicht an Futter interessiert. Wie kann ich ihn zum Fressen ermuntern?

Stellen Sie zunächst sicher, dass sein Futter auf die Rasse Ihres Hundes abgestimmt ist und ihm schmeckt. Füttern Sie ihn immer nach körperlicher Bewegung. Geben Sie ihm weniger Leckerbissen zwischendurch und keine Häppchen vom Esstisch. Peppen Sie sein Futter mit kleinen Mengen blanchiertem, fetthaltigem Hackfleisch auf.

Versuchen Sie, aus dem Füttern eine aufregende Sache zu machen. Stellen Sie den Futternapf jeden Tag woanders hin (wenn das Wetter gut ist, bieten Sie das Futter draußen an), und verwenden Sie einen Klicker oder eine Belohnungspfeife (siehe Seite 74–75), um das Füttern anzukündigen.

Oben: *Es ist äußerst wichtig, dass ein abgeleinter Hund draußen sofort unter Kontrolle gebracht werden kann, um Probleme zu vermeiden.*

Beschützende Aggression

Ihr Hund begegnet abgeleint anderen Hunden oder Menschen gewöhnlich mit arglosem Interesse. Bei einem dominanten oder nervösen Hund kann dies zu dem Bedürfnis führen, alles zu umkreisen und zu erkunden, was aus seiner Sicht eine potenzielle Bedrohung für Sie und für ihn darstellt.

Wie und warum es passiert

Wenn Sie mit Ihrem Hund unterwegs sind, dann gehen Sie aus seiner Sicht gemeinsam mit ihm auf die Jagd und Futtersuche. Der Spaziergang kann eine aufregende Sache sein, wenn er abgeleint in ländlicher Gegend herumstöbern und überall etwas Neues entdecken kann, oder eine langweilige Angelegenheit bei angeleinten Spaziergängen in der Stadt. Wenn ein sorgloser, entspannter Bummel Ihre Vorstellung von einem Spaziergang ist, dann wird Ihr Hund das normalerweise auch so entspannt sehen. Wenn aber der Besitzer sich Sorgen macht – entweder wegen des Verhaltens seines eigenen Hundes beim Zusammentreffen mit anderen Hunden oder fremden Menschen oder über deren Verhalten gegenüber seinem Hund – erspürt der Hund das Bedürfnis seines Besitzers, beschützt zu werden. Das kann zu unsozialem Verhalten führen.

Dieses Verhalten tritt bei Rassen auf, die einen starken Beschützerinstinkt haben wie etwa der Bull Mastiff, der Dobermann Pinscher, der Deutsche und Belgische Schäferhund, der Rottweiler und der Border Collie. Diese Fähigkeiten wurden extra herangezüchtet, und diese Rassen erspüren rasch die Besorgnis eines Besitzers, wahrscheinlich durch eine Kombination von Körpersprache und Geruch. Der Hund muss dann die Entscheidung treffen, ob er seinen Besitzer vor der potenziellen Bedrohung beschützt oder sie ignoriert.

WIE KANN ICH MEINEN HUND DAVON ABBRINGEN, ANDERE HUNDE ODER FREMDE BEI SPAZIERGÄNGEN ZU VERTREIBEN UND ZU ÜBERPRÜFEN?

Lenken Sie die Aufmerksamkeit Ihres Hundes auf sein Lieblingsspielzeuge. Verwenden Sie es zunächst rund um Haus und Garten und nutzen Sie die Belohnungspfeife, um ein Spiel anzukündigen (siehe Seite 75). Loben Sie ihn, wenn er den Gegenstand apportiert. Bei Spielende (nie mehr als ein paar Minuten) legen Sie den Gegenstand weg und nehmen ihn nur zu Spaziergängen mit.

Bitten Sie Freunde, bewaffnet mit Trainings-Disks. die Rolle der Fremden zu übernehmen (siehe Seite 75). Wenn Ihr Hund zu Ihnen rennt, sollten Sie die Disks ertönen lassen, während Sie gleichzeitig mit der Belohnungspfeife nach ihm rufen.

Wenn Ihr Hund weiterhin hyperaktiv und aggressiv ist, führen Sie ein fernbedienbares Erziehungshalsband ein, das auf Knopfdruck einen sehr unangenehmem Geruch verströmt und beim Hund eine Aversion mit dem Verhalten assoziiert (siehe Seite 74), und fragen Sie Ihren Tierarzt nach einem Tierverhaltensexperten.

Abgeleinte Vorfälle

Alle Hunde, die bei einem Spaziergang Sorgen ihres Besitzers spüren, sind von Natur aus bereit, ihn zu beschützen. Manche Hunde mit einer positiven Persönlichkeit, besonders jene, die eine Grundausbildung absolviert haben, werden auf eine Aufforderung ihres Besitzers warten, um aktiv zu werden. Wenn die nicht erfolgt, kann der Spaziergang ohne weiteres fortgesetzt werden. Wird der Besitzer aus irgendeinem Grund nervös, kann das den Beschützerinstinkt des Hundes sprunghaft steigern. Dann wird ein abgeleinter Hund vielleicht vorauslaufen, um das Zielobjekt anzuknurren, bis er vom Besitzer zurückgerufen wird. Wenn Hunde schlecht gehorchen (siehe Seite 102–103), werden sie die Person immer enger umrunden, bis sie deren Reaktion einschätzen können. Vertreter mancher Rassen werden sogar schnappen oder beißen.

Angeleintes Szenario

Angeleinte Hunde in einem ähnlichen Szenario stellen sich auf die Hinterbeine oder stürzen nach vorn. Mit einem Anti-Zug-Halfter kann er schnell wieder unter Kontrolle gebracht wer-

den (wie zum Beispiel »Dogmatic«, s. www.dogmatic.org.uk). Die Vorteile solcher Halfter im Gegensatz zu Maulkörben werden auch von Tierverhaltensforschern akzeptiert. Ein Anti-Zug-Halfter funktioniert ähnlich wie ein Pferdehalfter: Wenn der Hund nach vorn zieht, wendet das Halfter seinen Kopf wirkungsvoll zur Seite, und deshalb kann er nicht vorwärts gehen.

Ist das Verhalten Ihres Hundes, sich bei Spaziergängen auf Menschen oder andere Hunde zu stürzen, sehr ausgeprägt, können Sie auch korrigierende Methoden einführen wie ein Spray (um dem Verhalten entgegenzuwirken) und einen Klicker (um eine akzeptablere Reaktion zu belohnen und zu verstärken). Bitten Sie einen Freund, das Spray in die Hand zu nehmen und zu benutzen, unmittelbar bevor der Hund springt, und belohnen Sie positive Verhaltensänderung mit dem Klicker.

Unten: Es ist unsozial, einem Hund zu erlauben, an Fremden hochzuspringen. Diesem Verhalten sollte durch Situationstraining verändert werden.

Aggressiv bei Fremden und Hunden

Ein gegenüber Fremden und anderen Hunden unkontrollierbar aggressiver Hund belastet jeden Besitzer, egal, ob worauf die Aggressivität beruht. Häufig passen die Besitzer solcher Hunde ihre Spaziergewohnheiten entsprechend an und meiden die Öffentlichkeit. Reine Vermeidungsstrategie wird aber nicht helfen, das unsoziale Verhalten zu ändern.

Oben: Anti-Zug-Halfter haben sich als nützlich erwiesen, um einen an der Leine ziehenden Hund unter Kontrolle zu bringen.

Rechte Seite: Inszenierte Spaziergänge, bei denen Ihr Hund »zufällig« auf nicht aggressive Hunde trifft, helfen ihm bei der Verhaltensänderung.

Wie und warum es passiert

Zufriedene, selbstsichere Hunde, die nie angegriffen worden sind oder von einem Fremden verjagt oder misshandelt wurden, werden potenziellen Begegnungen gegenüber immer positiv eingestellt sein (siehe Seite 96 – 97 und 100 – 101). Wenn andererseits ein Hund von einem anderen Hund attackiert wurde, wird er sich von Natur aus abwehrender verhalten und einen Angriff als beste Verteidigung betrachten. Mit aufgestellten Nackenhaaren wird ein solcher Hund andere Hunde oft ohne irgendeine andere Warnung angreifen.

Nervöse und aggressive Hunde sind bei Spaziergängen so etwas wie »entsicherte Gewehre«, weil sie sich in einem Zustand erhöhter Erregung oder Bereitschaft befinden. Diese gesteigerte Alarmbereitschaft sorgt dafür, dass der Hund zeitweise noch mehr Adrenalin produziert, das für die Angriffs- oder Fluchtreaktion (siehe Seite 24 – 25), benötigt wird.

Forscher haben herausgefunden dass die Entscheidung eines Hundes darüber, ob er einen Fremden oder einen anderen Hund attackiert, mit Rasse, Geschlecht, Farbe und Größe des Letzteren zu tun haben. Ein Fremder kann bedrohlich wirken, wenn er einen dunklen Mantel trägt. Hunde bilden blitzschnell Assoziationen, denn in der Natur ist er auf die Erinnerung an Gefahren angewiesen.

Aggressionsverhalten eines Hundes bei Spaziergängen verändern

Bitten Sie einen Freund, der einen freundlichen Hund hat, Ihnen beim Umschulungsprogramm zu helfen. Ein ruhiger Hund und Besitzer zeigen Ihrem Hund, dass nicht alle Hunde oder Menschen bedrohlich sind. Wählen Sie einen neutralen Boden. Je mehr Faktoren Sie bei der Begegnung mit anderen Hunden und Fremden kontrollieren können, desto größer ist die Chance, die Reaktion Ihres Hundes darauf zu ändern.

EIN KONTROLLIERTER SPAZIERGANG

Spaziergänge sind ideal für den Aufbau einer kontrollierten Bindung zwischen Ihnen und Ihrem Hund.

1 Machen Sie mit Ihrem Hund einen Spaziergang abseits von dem Ort, den Sie für die Begegnung mit dem anderen Hund gewählt haben. Wird er in der Nähe von Leuten oder anderen Hunden nervös, befehlen sie Ihm, sich zu setzen, drücken Sie den Klicker und loben Sie ihn (siehe Seite 74).

2 Ermuntern Sie ihn mehrmals, sich zu setzen, und belohnen Sie seinen Gehorsam mit einem Klicken, manchmal gefolgt von einem Belohnungshappen.

3 Wenn der andere Hund in Sicht kommt, lockern Sie die Leine und bleiben Sie entspannt. Unruhe Ihrerseits überträgt sich über die Leine und hormonelle Signale direkt auf Ihren Hund. Mit dem Hund klar unter Ihrer Kontrolle (sitzend), loben Sie ihn (mehrmaliges Klicken, Belohnungshappen oder Spielzeug), wenn der andere Hund auf Ihren zugeht und seitlich an ihm vorbei- und etwa zehn Meter weiter geführt wird. Halten Sie Ihren Hund seitlich zum anderen Hund. Dies verhindert, dass er auf den anderen Hund dominant wirkt. Drücken Sie wiederholt den Klicker mit jeweils einer einminütigen Pause, um Ihren Hund für sein gutes

Benehmen fortlaufend zu loben und ihn abzulenken. Sie brauchen vielleicht ein besonderes Spielzeug oder einen Ball, verbunden mit einem besonderen Leckerbissen, um das Interesse Ihres Hundes aufrecht zu erhalten und weiter Kontrolle auszuüben. Loben Sie jegliches richtiges Verhalten. Ignorieren Sie eventuelle Unruhe Ihres Hundes, denn das könnte ungewollt das unerwünschte Verhalten verstärken und belohnen.

4 Gehen Sie mit den Hunden auf nebeneinander liegenden Zirkeln, so dass sie einander relativ nahe kommen, und loben Sie gutes Benehmen. Wenn die Hunde sich gut verhalten, verringern Sie allmählich den Abstand.

5 Beenden Sie das Verhaltenstraining positiv, bevor Ihr Hund irgendwelche Reizbarkeit oder Aggression gezeigt hat. Klicken und Loben Sie ihn reichlich für sein gutes Verhalten.

Wiederholen Sie das Training sehr häufig, verringern Sie allmählich den Abstand zwischen den Hunden, bis sie mit nur einem Meter Distanz friedlich aneinander vorbeilaufen. Verwenden Sie Trainings-Disks, damit Ihr Hund unangemessenes Verhalten beendet (siehe Seite 75).

Ein entspannter Trainingsstart ist wichtig. Halten Sie alles bereit, was Sie zum Spaziergang brauchen, um sich steigernde Hyperaktivität durch zu langes Warten beim Hund zu verringern. Bei einem übernervösen Hund wirkt sich sein erhöhter Adrenalinspiegel auf sein generelles Verhalten aus und wird potenziell auch seine Aggressivität erhöhen. Der Hund sollte anfangs an einer kurzen Leine in Kombination mit einem gefütterten Anti-Zug-Halfter ausgeführt werden (siehe Seite 137). Wenn Ihr Hund sich bereits extrem aggressiv gegenüber anderen Hunden verhalten hat, verwenden Sie einen Maulkorb.

Vieh jagen

Hunde können auf Vieh wie ein Raubtier auf den Anblick eines Beutetiers reagieren. Dieses Verhalten wurde bei Arbeitshunderassen gezielt herangezüchtet und ist besonders bei Border Collies und Collie-Kreuzungen, bei Deutschen und Belgischen Schäferhunden und vielen Terrier-Rassen zu beobachten.

Dieses Verhalten entwickeln manche Hunde, weil ihnen die Stimulation fehlt durch die traditionelle Aufgabe als Jagdhund, Hütehund oder Wächter, für die sie ursprünglich gezüchtet wurden. Forscher vermuten, dass dieses Verhalten auch durch den Mangel an sozialer Interaktion begründet sein kann oder in einer langweiligen Umgebung während der frühen Entwicklung bis zum Erreichen der Geschlechtsreife.

Oben: Wenn ein Hund Weidetieren begegnet, ist es wichtig, ihn mit einem Streicheln oder Leckerbissen für gutes Betragen zu belohnen.

Manche Hunde lernen, in ländlichen Gegenden zu jagen oder wenn sie in Gebiete ausgeführt werden, in der sie auf grasendes Vieh treffen. Eventuell steigert sich das Jagdfieber sogar bis zur räuberischen Aggression, wobei Weidetiere angegriffen und unter Umständen getötet werden. Das Jagen von Vieh kann Hunde süchtig machen, weil die »Beute« auf Fluchtmodus schaltet und wegrennt, sobald der Hund sich nähert, was wiederum den Jagdtrieb des Hundes entfacht und das »Spiel« noch aufregender für ihn macht.

Fixierung auf Vieh

Es gibt abgeleinte Hunde, die durchgehen, wenn sie zum ersten Mal grasendem Vieh begegnen. In diesen Situationen kann ein erregter Hund mit hohem Adrenalinspiegel stundenlang über Wiesen, Felder und Moorlandschaften streifen. Viele dieser Hunde sind am Ende erschöpft und desorientiert. Solcherart verwirrte und hungrige Hunde werden entweder vom Finder adoptiert oder in Tierheime gebracht.

Wenn man weiß, dass ein Hund auf Vieh fixiert ist, sich jedoch die Spaziergänge in ländlicher Umgebung mit weidenden Schafen, Kühen, Ziegen, Pferden etc. nicht vermeiden lassen, ist es wichtig, ein Kopfhalfter zu verwenden, dieses mit einem starken Anschlusshaken zu versehen und eine Longierleine daran zu befestigen. Damit hat der Hund genug Freiraum zum Laufen, kann jedoch nötigenfalls zurückgeholt werden. Wenn solch ein Hund abgeleint ist und Vieh dazu bringt, vor ihm wegzulaufen, wird sein Jagdtrieb durchbrechen. Umsicht kann in diesen Fällen eine Menge Sucherei ersparen und Traurigkeit, sollte der Hund nicht wieder auftauchen.

Unten: Die natürliche Neugier von Tieren aneinander kann ermunterd werden, vorausgesetzt, dass der Hund nicht hyperaktiv oder aggressiv ist.

WIE KANN ICH MIT DEM PROBLEM DES VIEHJAGENS UMGEHEN?

Aversion erzeugende Methoden wie ein Erziehungsgeruchshalsband (siehe Seite 74) können benutzt werden, um eine negative Assoziation zu dem Verhalten zu erzeugen und um die konditionierte Reaktion auf den Anblick von Vieh, d. h. das sofortige Hinterherjagen, zu durchbrechen. Das hilft auch, wenn sich der Jagdtrieb auf andere Zielobjekte wie Fahrzeuge, Fahrrad- und Motorradfahrer richtet.

Wenn ein Hund sich weigert zu gehorchen, können Sie eine longenähnliche Leine verwenden wie sie zur Pferdeausbildung gebraucht wird – (verwenden Sie Gartenhandschuhe, um Verletzungen durch das Seil zu vermeiden) oder aber eine starke Ausziehleine in Verbindung mit einem Anti-Zug-Halfter (siehe Seite 137). Dadurch kann Ihr Hund umherstreifen, während Sie mit der Belohnungspfeife das Zurückkommen unterstützen (siehe Seite 75). Mit der Longier- oder Ausziehleine können Sie Ihren Hund wieder zu sich heranziehen, wenn er nicht hört. Dieses Ausmaß an Kontrolle kann nach ein paar Monaten gelockert werden, wenn der Hund sich eindeutig an den neuen Ablauf gewöhnt hat und bei Spaziergängen besser folgt.

Gesundheit

Warnzeichen

Es gibt immer einen Grund, wenn sich die Persönlichkeit eines Hundes signifikant ändert. Zufriedene Hunde nehmen eine Jekyll-und-Hyde-Persönlichkeit nicht spontan an. Jede plötzliche Veränderung im Verhalten Ihres Hundes soll Ihnen zeigen, dass etwas falsch läuft, aber es ist vielleicht nicht klar, wodurch die Veränderung bewirkt wurde.

Was ist Anlass zur Sorge?

Die Ursache zu kennen, warum Ihr lebhafter, freundlicher Gefährte sich in ein scheues Wesen verändert hat oder warum ein liebenswürdiger Hund plötzlich aggressiv geworden ist, wird Ihnen helfen, die zugrunde liegenden Einflüsse zu verstehen, so dass Sie sich damit befassen können.

Zeitweise Veränderungen von Aktivität, Fress- und Schlafgewohnheiten sind kein Anlass zur Beunruhigung, aber wenn es grundlegende Verhaltensänderungen sind, sollte der Hund untersucht werden. Ein körperliches Problem kann bei einem alternden Hund größer werden, wie im Fall der vererblichen Hüftgelenksdysplasie, bei der die Kugelgelenke falsch ausgerichtet sind. Diese Erkrankung kann wegen der zunehmenden Schmerzen langsam zu einer Gemütsveränderung führen. Ein Hund, der sich beim ungestümen Spielen verletzt hat, wird gedämpfter Stimmung sein und sich ausruhen wollen. Ein Hund, der ständig Gelenkschmerzen hat, wird wahrscheinlich insgesamt übellaunig werden. Das früheste Anzeichen für eine langfristige körperliche Funktionsstörung kann ein gelegentliches Aufjaulen sein, das der Hund beim Treppensteigen ausstößt. Vielleicht gibt er sogar ein langgezogenes Knurren von sich, wenn er gestreichelt wird.

Umgang mit körperlicher Verfassung

Ein Hund kann nicht erklären, wie er sich fühlt, aber wenn die Anzeichen für gesundheitliche Probleme oder Schmerzen erkannt werden, kann ihn ein Tierarzt eine gründlich untersuchen, Ultraschall- und Röntgenaufnahmen machen. Sobald ein Problem erkannt worden ist, kann es behandelt werden. Beispielsweise im Fall der Hüftgelenksdysplasie durch ein Schmerzmanagement. Die Lebensweise des Hundes kann seiner körperliche Verfassung angepasst und statt langen Spaziergängen kürzere unternommen werden, körperliche Anstrengungen auf ein Minimum reduziert werden und sich das Spielen mehr auf Versteck-und-Such-Spiele konzentrieren. Auch Hunde müssen sich, genau wie ihre Besitzer, von Verletzungen oder schmerzhaften Krankheiten erholen und ausruhen.

MÖGLICHE AUSWIRKUNGEN AUF DAS VERHALTEN

Direkte Auswirkungen auf den Hund
• Körperliche Probleme wie angeborene Herzkrankheit, Hüft- und Ellbogendysplasie, Arthritis, Epilepsie oder akute Infektionen
• Längere Krankheit, die häufige Tierarztbesuche erfordert
• Operationen, eingeschlossen Kastration
• Hormonwechsel, zum Beispiel beim Erreichen der Geschlechtsreife
• Körperliches Trauma nach einem Unfall oder einem Organversagen

Familieneinfluss
• Veränderungen in der Familie, Verlust eines Familienmitglieds, ein neu einziehender Partner
• Veränderungen der Arbeitszeit des Besitzers
• Krankheit/Krankenhausaufenthalt des Besitzers
• Überanhänglichkeit zum Besitzer
• Umzug
• Anschaffung eines anderen Hundes oder Haustiers
• Angst, Stress und Zusammenbruch des Besitzers
• Körperliche Bestrafung oder exzessive Züchtigung

Andere Einflüsse
• Adoption/Rettung
• Misshandlung durch Menschen
• Angriff durch einen anderen Hund oder ein anderes Tier
• Hausbrand oder Einbruch
• Feuerwerk und Industrielärm
• Donner, Sturmböen und heftiger Regen

ANZEICHEN PSYCHISCH-PHYSISCHER ÜBERSCHNEIDUNG

Glückliche Hunde sind, wie Menschen, Krankheiten gegenüber widerstandsfähiger. Sind sie dagegen gedrückter Stimmung, unterliegen Sie eher Infektionen und Viren. Das ist so, weil ihr Immunsystem bei mentalem Stress unter Druck gerät. Nachstehend sind die hauptsächlichen körperlichen Anzeichen aufgeführt, die in solchen Situationen aufkommen können:

Zeichen, die auf Darm- und Parvovirusinfektionen deuten können:
- Durchfall (lockerer Stuhl, länger als einen Tag)
- Sichtbare Entzündung (Rötung) oder Ausfluss an Augen oder Ohren
- Verfärbter Stuhl
- Gewichtsverlust
- Erbrechen (Zeichen für eine Vergiftung, wenn von Kollaps oder Zuckungen begleitet)

Zeichen, die auf einen Parasitenbefall oder eine allergische Hauterkrankung deuten können:
- Exzessives Kratzen
- Kahle Stellen im Fell

Zeichen, die auf eine Augeninfektion wie Konjunktivitis (Bindehautentzündung) oder Glaukom (grüner Star) deuten können:
- Ausfluss
- Entzündung und/oder Schwellung
- Blockierte Tränengänge
- Graufilm und Linsentrübung
- Drittes Augenlid freiliegend (dies ist bei manchen Rassen normal)

Zeichen, die auf eine bedeutende Organerkrankung oder auf Diabetes deuten können:
- Exzessives Wassertrinken
- Teilnahmslosigkeit
- Appetitverlust
- Gewichtsverlust
- Verfärbung der Augen

Zeichen, die auf einen Anfall, eine Herzerkrankung oder blockierte Atemwege deuten können:
- Krampf/Zuckungen
- Exzessives Husten

Linke Seite: Das Bedürfnis Ihres Hundes, ständig an Ihrer Seite zu sein, kann Zeichen für den Beginn einer schlechten psychischen Verfassung sein.

Unten: Eine tierärztliche Untersuchung kann meist alle körperlichen Ursachen für Verhaltensänderungen Ihres Hundes klären.

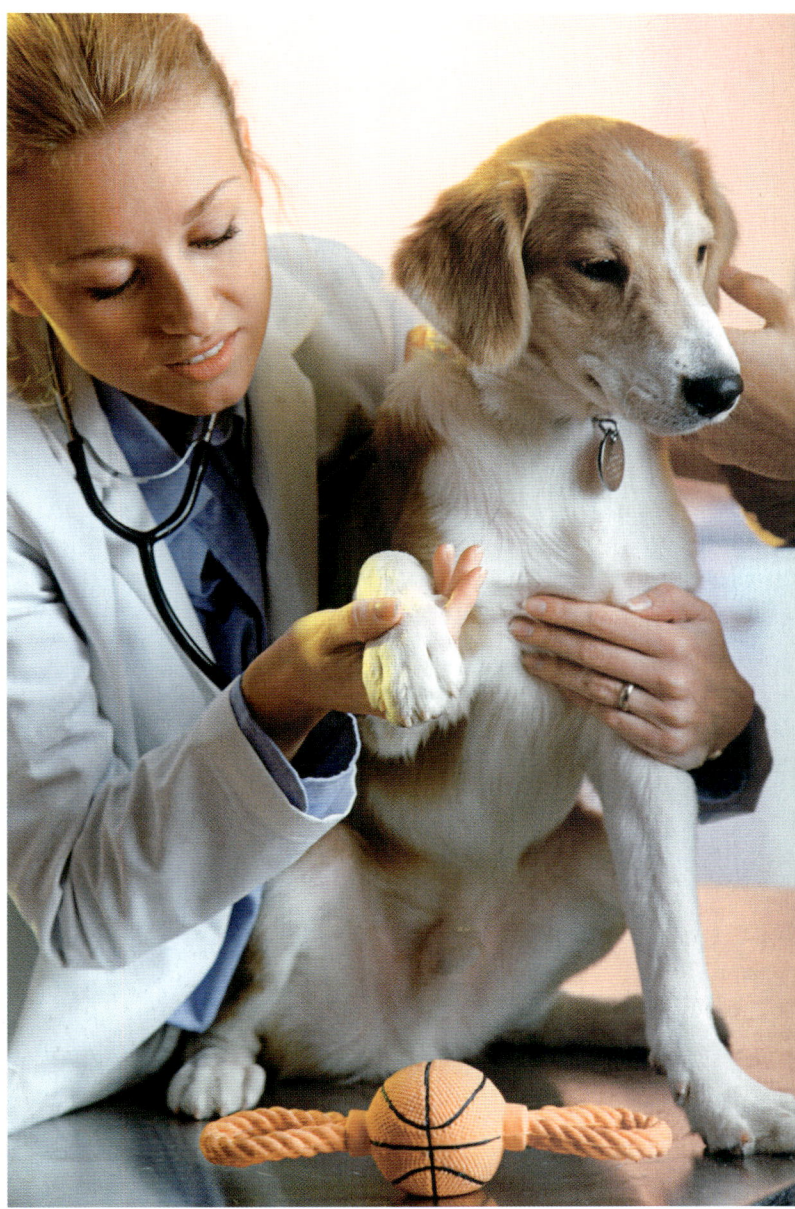

Depression und Stress bei Hunden

Ob ein Hund unter Depression und Stress leidet, ist schwer zu sagen und die Anzeichen sind nicht immer offensichtlich, es sei denn, sie werden richtig verstanden. Um zu wissen, ob Ihr Hund deprimiert oder gestresst ist, müssen Sie seine Reaktionen auf äußere Einflüsse beobachten und überprüfen, wie er sich bei Trennungen verhält.

Erste Lösungsansätze

Für eine Depression, eine der ungewöhnlichsten Gesundheitsprobleme beim Hund, könnte es viele Einflussfaktoren geben. Ein qualifizierter Tierverhaltensforscher kann vielleicht eine vorläufige Diagnose stellen und dabei helfen, die Auslöser zu erkennen. Ein professioneller Tierverhaltenstrainer kann sogar ein Verhaltensänderungsprogramm anbieten, um positive Veränderungen zu bewirken. In jedem Fall wird Ihnen Ihr Tierarzt einen Experten empfehlen können.

Emotionales Hinken

Nicht immer hat ein Hund ein Problem mit den Beinen, wenn er schlapp herumhängt. Forschungen haben gezeigt, dass ein Hund die Auswirkungen einer einst echten Verletzung benutzen kann, um den Besitzer auf sich aufmerksam zu machen. Dieses »emotionale Hinken« muss trotzdem untersucht werden, um herauszufinden, warum der Hund das macht. Ein Hund, der ständig die Aufmerksamkeit seines Besitzers sucht – abgesehen von der gelegentliche Pfote auf dem Knie – hat eine übermäßige Anhänglichkeit entwickelt.

Anzeichen für Rückzug

Ein weniger offensichtliches Zeichen für den Beginn einer psychischen Störung zeigt ein Hund, der sich aus dem normalen Familienleben zurückzieht (siehe Seite 132–133). Ein Hund, der sich verkriecht, wenn Besucher ins Haus kommen, verhält sich nicht normal. Manche behaupten zwar, dass diese Reaktion mit der Persönlichkeit eines Hundes zusammenhänge, denn Hunde können eine eher extrovertierte oder introvertierte Persönlichkeit haben. Wie dem auch sei, den Hund in einem solchen Fall am Halsband zurück ins Wohnzimmer zu ziehen, wenn Besucher da sind, löst das Problem nicht. Ein zurückgezogener Hund muss sanft, geduldig und auf positive Art mit interaktiven Spaziergängen und kurzen, gut belohnten Spielen wieder zu mehr Geselligkeit gebracht werden.

Hunde allein zu Haus

Manchmal gibt es vielsagende Änderungen im Verhaltensmuster von Hunden. Hunde, die eine übergroße Anhänglichkeit zu ihrem Besitzer entwickelt haben, reagieren nach einem Wochenende auf einen plötzlichen Kontaktverlust mit problematischem Verhalten – Zerstörungswut, exzessivem Bellen sowie Urinieren und Koten in der Wohnung – zu Beginn der Arbeitswoche. Hunde, die unter Stress stehen, nehmen oft eine Menge Wasser zu sich, manchmal infolge von exzessivem Gebell, und man sieht sie viel öfter und mehr trinken als gewöhnlich.

Nicht alle Hunde, die ein starkes Band mit ihrem Besitzer verbindet, entwickeln Verhaltensprobleme oder psychische Auffälligkeiten. Sie folgen ihren Besitzern zu Hause vielleicht treu auf Schritt und Tritt, aber sie haben gelernt, eine vorübergehende Trennung zu akzeptieren und legen sich einfach hin, um auf ihre Rückkehr zu warten. Es ist wichtig zu verstehen, dass wir uns nur dann Sorgen machen müssen, wenn eine Trennung unnormales Verhalten auslöst.

Fellpflege aus Stress

Ein Besitzer würde normalerweise bei seinem Hund das methodische Belecken seiner Pfoten oder der Innenseite seiner Hinterbeine nicht mit Stress in Verbindung bringen. Dieses natürliche Verhalten kommt vom instinktiven Wunsch eines Hundes, sein Fell und seine Haut sauber zu halten. Hunde lecken auch kleinere Kratzer sauber wegen der heilenden Eigenschaften des Speichels. Aber wenn das Belecken über das normale Zeitmaß hinausgeht und zur täglichen Routine wird, ist dies ein Indiz dafür, dass sich eine zwanghafte Verhaltensstörung entwickelt (siehe Seite 148–149). Das Problem kann möglicherweise nicht erkannt werden, wenn es eine Reaktion auf die Abwesenheit des Besitzers ist und demzufolge nur auftritt, wenn der Hund allein ist.

Linke Seite: Eine generelle Apathie oder Lethargie bei jungen Hunden, neben dem Rückzug vom familiären Leben, ist ein Hinweis auf eine Depression.

Unten: Wenn ein Hund angstvoll überwacht, wenn Sie das Haus selbst nur für kurze Zeit verlassen, weist das auf eine mögliche Verlustangst hin.

Zwangsstörungen

Hunde, die wiederholt Handlungen ausführen, wie exzessives Bellen, Schwanzjagen oder Kauen, leiden unter einer Kombination von nervlichem Ungleichgewicht und einem bestimmten Maß an hündischer Unsicherheit.

Wie und warum es auftritt

Eine Trennungsstörung ist ein Stresszustand und kann sich entwickeln, wenn ein Hund sehr an seinem Besitzer hängt oder übermäßig abhängig von ihm ist. Es gibt mehrere Auslöser, eingeschlossen Adoption, ein durch Operation ausgelöstes Trauma, Krankheit oder Unfall, plötzliche Abwesenheit des Besitzers oder der Verlust eines Rudelmitglieds (Hund oder Mensch), Altersschwäche, Nervosität oder Umzug.

Am häufigsten wird dieser Zustand bei geretteten oder adoptierten Hunden beobachtet. Da niemand ihnen erklären kann, warum eine Bindung in die Brüche ging, haben sie Angst, erneut einen Herrn zu verlieren. Häufig tritt das Problem bevorzugt während der Abwesenheit des Besitzers auf oder wenn der Hund seinen Besitzer nicht mehr sehen kann, weil die Tür zwischen Hund und Besitzer zu ist oder während der Nacht. In seltenen Fällen kann sich das Verhalten selbst dann zeigen, wenn Familienmitglieder zu Hause sind, was die wahre Natur des Problems verdecken kann.

Den meisten Besitzern kann man nicht vorwerfend, dass sie die Anzeichen von Stress nicht wahrnehmen. Denn viele sich wiederholende Handlungen treten dann auf, wenn der Besitzer abwesend ist. Es kann nützlich sein, einen Camcorder in dem Raum aufzustellen, in dem der Hund bleibt, wenn die Familie weg ist. Schalten Sie die Kamera ein und verlassen Sie das Zimmer oder das Haus für bis zu 15 Minuten. Der Film kann Ihnen viel darüber verraten, wie Ihr Hund mit Stress umgeht.

Oben links: Viele der sich wiederholenden Verhaltensweisen können bei Hunden beobachtet werden, die beispielsweise durch intensives Kratzen versuchen, Stress zu bewältigen.

HÄUFIGE SICH WIEDERHOLENDE AKTIVITÄTEN

- Bellen
- Schwanzjagen
- Spiegelbildjagen
- Fellpflege (Lecken)
- Kratzen
- Graben
- Kauen
- Kreismuster ausführen
- Hin- und hergehen
- Luftschlucken
- Allen möglichen beweglichen Zielen hinterher jagen, wie Vieh, Motorrädern, Joggern etc.

Anzeichen von Stress und Angst

Alle nicht funktionalen, sich wiederholenden Bewegungen eines Hundes, bekannt als »stereotypische Verhaltensweisen«, haben mit Stress oder Angst zu tun. Hunde, die immer wieder bestimmte und ganz exzessiv einige der links aufgeführten Aktivitäten ausführen, leiden unter einer Störung, die beim Menschen als Zwangsstörung bzw. Zwangsneurose bezeichnet wird. Einige Zwangshandlungen treiben einen Hund vielleicht dazu, sich bei assoziierten »Fingerzeigen« hyperaktiv zu verhalten, zum Beispiel bei reflektierenden Lichtern oder Klingelgeräuschen. Zwangsstörungen, die sich auf bewegte Ziele richten, sind häufig bei nervösen Hunden, aber es gibt andere Verhaltensweisen, die nicht so leicht als zwanghaft erkennbar sind.

Eine solche Assoziation entwickelt ein Hund beispielsweise, wenn die Türklingel Aufmerksamkeit und mit Aufregung signalisiert, oder wenn das Telefonklingeln bedeutet, dass er die Aufmerksamkeit des Besitzers verliert. Assoziierte Fingerzeige können weitere problematische Verhaltensweisen auslösen, von Panik, Hyperaktivität, und Jagen bis hin zu Zerstörungswut und sogar Urinieren und Koten in die Wohnung.

Links: *Hyperalarmbereite oder nervöse Hunde können süchtig danach werden, Sichtobjekte oder Geräusche zu verbellen.*

GIBT ES EINE MÖGLICHKEIT, ZWANGSSTÖRUNGEN BEI HUNDEN ZU BEHANDELN?

Zwangsstörungen können nicht durch Strafe, aber auch nicht durch erhöhte Aufmerksamkeit überwunden werden. Diese Maßnahmen würden die Reaktionen des Hundes oft nur fördern. Vielleicht denkt Ihr Hund sogar, dass das Objekt seiner Aufmerksamkeit auch Sie stört. Setzen Sie sich mit den Ursachen für sein Verhalten auseinander und sorgen Sie dafür, dass Ihr Hund sich in seiner unmittelbaren Umgebung sicherer fühlt, indem Sie ihm beispielsweise eine »Höhle« einrichten.

1 Wenn Ihr Hund anfängt zwanghaft zu agieren, geben Sie ihm sofort ein Signal mit der Trainings-Disk, die zuvor schon durch den Entzug einer Belohnung assoziiert wurde (Seite 75). Schenken Sie ihm keine Aufmerksamkeit.

2 Wenn er mit dem Verhalten aufhört, drücken Sie sofort den Klicker, der zuvor mit Belohnung assoziiert wurde (siehe Seite 74), aber bieten Sie ihm in diesem Stadium keine zusätzliche Belohnung durch Streicheln oder Leckerbissen an. Wenn Ihr Hund weiterhin von dem Verhalten ablässt, klicken Sie mehrmals und legen nach jedem Klicken eine einminütige Pause ein.

3 Wenn er sich weiter zwanghaft verhält, lassen Sie sofort wieder die Trainings-Disks ertönen. Drücken Sie den Klicker sofort, wenn er mit dem Problemverhalten aufhört, selbst wenn es nur kurz ist. Drücken Sie den Klicker bis zu viermal, wobei Sie in den ersten Stadien eine Pause von bis zu fünf Minuten zwischen jedem Klicken einlegen, wenn er auf Sie reagiert und sein Problemverhalten beendet.

4 Halten Sie ihn vorübergehend vom exzessiven Bewachen und Verbellen einzelner Zielobjekte ab, indem Sie seinen Zugang zu Fenstern (ziehen Sie die Vorhänge zu), Gartentoren und den Eingangsflur einschränken, bis Sie sein Verhalten erfolgreich behandelt haben.

Stellen Sie sicher, dass Sie alle Geschehnisse, die bei Ihrem Hund große Erregung hervorrufen, reduzieren oder kontrollieren, weil der kombinierte Effekt von »Belohnungshormonen« und Adrenalin seinen Zustand nur verschlimmert und die Zwangsstörung verstärkt.

Epileptische Anfälle

Wenn ein Hund in einem tranceähnlichen Zustand gefunden wird und schaut, als ob er einen Geist gesehen hätte, wurde dieses eher ungewöhnliche Verhalten wahrscheinlich durch eine Epilepsie ausgelöst. Einige Rassen sind für Epilepsie anfälliger als andere, und einige Hunde können nach einem Anfall bewusstlos werden.

WIE UND WARUM ES DAZU KOMMTT

Epilepsie wird als neurologische Störung beschrieben, die Krämpfe oder Anfälle auslösen kann. Man weiß, dass sie mit einem chemischen Ungleichgewicht im Gehirn zusammenhängt und von instabiler neuronaler oder elektrischer Aktivität beeinflusst wird.

Eines der ersten Anzeichen dafür, dass ein Hund unter einer milden Form von Epilepsie leidet, ist ungewöhnliches Verhalten. Man findet seinen Hund vielleicht wie in Trance unter einem Gebüsch oder Möbelstück. Man hat Hunde beobachtet, die im einen Moment noch fraßen und im nächsten so still standen, als sei die Zeit angehalten worden. In akuten Fällen beginnen Hunde schwer zu atmen, dann versuchen sie, vor dem Kollaps einen ruhigen Platz zu finden. Gewöhnlich wachen diese Hunde nach kurzer Bewusstlosigkeit wieder auf und trinken viel mehr Wasser als gewöhnlich.

ERBLICHE VERANLAGUNG

Es gibt eine Reihe von Hunderassen, die bekanntermaßen anfälliger als andere für epileptische Anfälle sind, darunter einige Terrierrassen, besonders die weniger weit verbreiteten wie English Bull Terrier und Fox Terrier. Jedoch kommt Epilepsie auch bei verschiedenen Arten von Schäferhunden und auch bei besonders populären Rassen wie Pudel, Labrador und Golden Retriever vor.

ANFÄLLE BEI HUNDEN

Obwohl es eine genetische Veranlagung für Anfälle bei bestimmten Hunderassen zu geben scheint, kann jeder Hund ein Ungleichgewicht seiner Gehirnchemie entwickeln, die zu Anfällen führt (sogenannte sekundäre oder erworbene Epilepsie). Genau wie beim Menschen können Übermüdung, Stress, Hyperaktivität und Lichtempfindlichkeit einen Anfall auslösen.

Es ist möglich, frühe Anzeichen für einen Anfall beim Haushund zu erkennen, wenn ungewöhnliches Augenflackern oder Stolpern bemerkt werden. Unter diesen Umständen sollte der Hund in einen ruhigen Raum gebracht werden, damit er sich ausruhen kann. Hunde können die Auswirkungen durch Ruhe und Ausruhen überwinden und wachen oft sehr durstig und bereit zu neuen Taten auf.

Man sollte mit einem Hund, der bekanntermaßen zu Anfällen neigt, behutsam spielen und ihn trainieren, wobei die Regel ist, dass kurze, häufige Spaziergänge und Spiele besser sind als körperlich oder geistig herausfordernde Wanderungen oder wildes Toben und Spielen.

WELCHE BEHANDLUNG KANN ICH FÜR MEINEN EPILEPTISCHEN HUND BEKOMMEN?

Sobald ein Tierarzt den Zustand diagnostiziert hat, ist die Krankheit durch die tägliche Gabe von Barbituraten (Phenobarbiton) behandelbar. Meist gehen unter medikamentöser Behandlung Teilanfälle zurück, und bei vielen hören volle epileptische Anfälle ganz auf. Hunde, die Anzeichen von »Trance« zeigen oder stolpern, was einem Anfall vorausgeht, sollten sich in einer »Höhle« ausruhen können (siehe Seite 121),

bis die Auswirkungen vorüber sind. Es kann auch sinnvoll sein, den Futternapf auf ein Podest zu stellen, denn es scheint, dass der gesenkte Kopf beim Fressen einige milde Formen von Epilepsie auslöst.

Wenn Sie Ihren Hund in Trance entdecken, lassen Sie eine Belohnungspfeife ertönen (siehe Seite 75) oder drücken Sie auf ein Quietschspielzeug, um ihn zu wecken, und sorgen Sie dafür, dass er sich ausruht.

Oben: *Der English Bull Terrier ist eine Rasse, die bekanntermaßen anfällig für epileptische Anfälle ist.*

Die trächtige Hündin

Wenn eine trächtige Hündin Schwanger-
schaftshormone ausschüttet, zeigt sie eine
Reihe mütterlicher Verhaltensweisen. Geschah
die Paarung zufällig, sind es kleinste Persön-
lichkeitsveränderungen, die einen Hinweis
darauf geben, dass die Hündin Nachwuchs
erwartet. Oft kann der Befund schon gestellt
werden, bevor ein Tierarzt ihn bestätigt.

Anzeichen für eine Schwangerschaft

Wenn Ihre Hündin bewusst nach einem Zuchtplan gedeckt
wurde, können Veränderungen schon bemerkt werden, bevor
die körperlichen Anzeichen den Erfolg der Paarung bestätigen.
Das erste Anzeichen für eine Schwangerschaft kann oftmals
die Feststellung sein, dass sie ein wenig angeschlagen wirkt
und nicht ganz auf der Höhe ist. Besitzer, die sich über den
Zustand ihrer Hündin nicht im KLaren sind, bemerken vielleicht, dass sie etwas unterwürfiger ist als normalerweise und
bringen das mit dem Beginn einer Läufigkeit in Verbindung.

Abhängig von ihrer Gesamtpersönlichkeit wird eine trächtige Hündin vielleicht etwas anhänglicher werden, besonders
weiblichen Familienmitgliedern gegenüber. Diese Veränderung hängt mit der natürlichen Kooperation von weiblichen
Tieren eines Wildrudels zusammen. Es ist für die Alpha-Hündin des Rudels normal, als einzige Junge zu bekommen, und
dass die anderen, in der Rangfolge niedriger stehenden
Hündinnen, sie während der Schwangerschaft unterstützen.

Um diese Kooperation zu erleichtern, die sicher stellt,
dass die Welpen die besten Chancen haben, zu gesunden Tieren heranzuwachsen, gibt es bei weiblichen Hunden weniger
natürliche Konkurrenz als unter männlichen. In der freien
Natur entwickeln sich viele der Rang-Körperhaltungen männlicher Hunde wie gesträubte Nackenhaare, eine steife Haltung,
nur selten bei weiblichen Tieren. Vielleicht ist dieser Faktor
ironischerweise manchmal für ernstliche aggressive Ausein-
andersetzungen zwischen domestizierten Hündinnen verant-
wortlich, weil unsichere weibliche Tiere einander nicht diese
wichtigen Signale geben, um Streitigkeiten zu vermeiden.

Nestverhalten

Ein weiteres Anzeichen für die Trächtigkeit einer Hündin kann
ihr Interesse für die ruhigsten Ecken im Haus sein; sie ruht
sich mehr aus und zeigt weniger Interesse an Spaziergängen.
Schließlich wird sie unruhig, und es ist zu sehen, dass sie
durch etwas beeinträchtigt ist. Dies kann das Bedürfnis ein-
schließen, nach draußen zu gehen, doch dann sofort wieder
zurückkommen zu wollen, oder dass die Hündin plötzlich mit
all ihren Ausruhplätzen unzufrieden ist und sehr oft um die
eigene Achse kreist, bevor sie sich hinlegt. Fast alle Hunde

Oben: Trächtige Hündinnen suchen
instinktiv nach Wärme und Ruhe, bevor
sie sich schließlich einen Platz zum
Werfen suchen.

Links: Obwohl ihre Welpen zunächst aus-
gesprochen anstrengend für die Hündin
sind, wird sie gelassen für alle sorgen.

kreisen, bevor sie sich zum Ausruhen hinlegen. Dies ist ein angeborenes Verhalten, von dem man annimmt, dass es mit dem Bedürfnis zusammenhängt, den Boden zum Schlafen vorzubereiten und ihn nach Spinnen und Schlangen abzusuchen.

Der nächste Schritt der hormongesteuerten Vorbereitungen beginnt damit, dass die Hündin eifrig unter Tische, Betten oder sogar aufgestapelte Kartons späht. Dieses Verhalten entspricht in der Natur der Suche nach einer Höhle oder einem Versteck. Professionelle Züchter würden der Hündin spätestens jetzt eine Wurfkiste an einem ruhigen Ort anbieten, damit sie es sich schon einmal gemütlich machen kann. Manche Hündin nimmt allerdings den Ort nicht an, der vom Besitzer ausersehen wurde, und sucht umso eifriger selbst nach einem Platz, um sich eine Höhle nach eigener Wahl einzurichten. Forschungen offenbaren, dass dieser sich auch unter dem Haus befinden kann, in Außengebäuden oder Schuppen. Nicht selten wurde eine trächtige Hündin erst dann entdeckt, wenn ihre Welpen im Alter von etwa vier Wochen begannen, die Welt außerhalb ihres Nistbereichs zu erkunden.

Unten: Auch Hündinnen, die nicht trächtig sind, können wegen der Hormonveränderungen zu Beginn einer Hitze ungewöhnliches Verhalten zeigen.

SCHEINTRÄCHTIGKEIT

Wenn eine nicht trächtige Hündin nach einer Nisthöhle Ausschau hält, kann dies auch ein deutliches Anzeichen für eine Scheinschwangerschaft sein. In diesem Fall ist ein hormonelles Ungleichgewicht eingetreten und löst bei der Hündin fälschlicherweise Gefühle einer Schwangerschaft aus. Besitzer berichten, dass ihre Hündinnen im offensichtlichen Versuch, eine Nesthöhle zu graben, wie wild an einem bestimmten Teppichfleck unter Tischen oder Betten kratzten. In akuten Fällen, wenn es regelmäßig zu Scheinträchtigkeiten kommt, kann eine tierärztliche Hormonbehandlung Abhilfe schaffen.

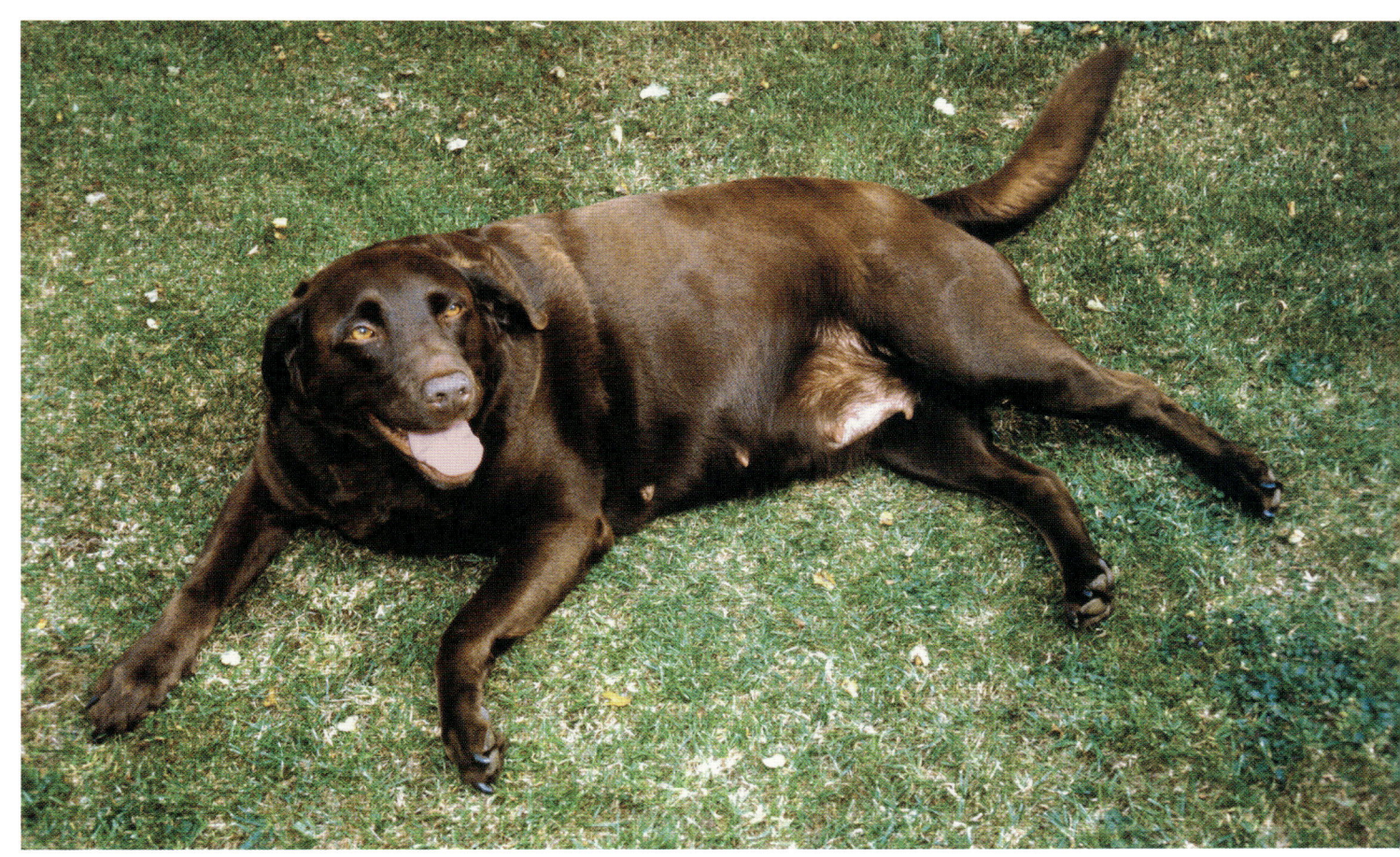

Der alternde Hund

Die Anzeichen des Alters unterscheiden sich bei Hunden und Menschen wenig – graue Schnurrhaare, nachlassender Augenglanz oder steife Gelenke. Wenn Ihr Hund sieben Jahre alt ist, hat er, gemessen an menschlichem Lebensalter, beinahe das 50. Jahr erreicht. Das mittlere geht ins reife Lebensalter über.

Eine Zeit für hohes Alter

Wissenschaftler setzen heute das erste Lebensjahr des Hundes mit 14 Jahren beim Menschen gleich, und danach entsprechen jeweils sieben Menschenjahre einem Hundejahr, denn die meisten Hunde erreichen innerhalb ihres ersten Lebensjahres die Geschlechtsreife. Dies ist nur eine grobe Richtlinie, denn einige große Rassehunde werden nur zehn Jahre alt, während Hunde kleinerer Rassen älter als 16 Jahre werden können.

Ein mittelalter Hund braucht normalerweise weniger Spiel und Bewegung. Der tägliche Spaziergang kann aus einem gemütlichen Bummel bestehen. Es gibt natürlich extrovertierte Hunde, die auch in gesetztem Alter noch über Zäune und Mauern springen und über Felder rasen. Jedoch wird der Preis für diese verlängerte Sportlichkeit potenziell mit steifen Gelenken, gespannten Muskeln und Erschöpfung bezahlt.

Müde alte Knochen

Die Anzeichen für hohes Alter sind bei Tieren universell. Altersschwache Hunde leiden unter Steifheit und verschiedenen Wehwehchen. Allgemeine Beweglichkeit und Vitalität lassen nach. In diesem Stadium heben Besitzer ihren Hund ins Auto und heraus. Der Hund genießt es, an einem sonnenbeschienenen Platz einen langen Mittagsschlaf zu halten oder an kalten Abenden am wärmenden Kamin zu liegen. Ausgedehnte Spaziergänge werden zwar noch genossen, aber die körperlichen Auswirkungen machen sich danach in den alten Knochen bemerkbar, die mehr schmerzen als gewöhnlich.

Im Fell setzt sich mehr und mehr das Grau durch, und bei manchen langhaarigen Hunden nimmt der Haarausfall zu. Manche Hunde zeigen weniger Appetit und lassen etwas von ihrem Futter im Napf übrig. Füttern Sie dann weniger und achten Sie darauf, dass das Futter einen niedrigeren Proteingehalt hat. Es gibt extra für ältere Hunde entwickeltes Futter.

Inkontinenz ist bei alten Hunden nicht ungewöhnlich, und sie urinieren vielleicht sogar zu Hause, während der Nacht oder wenn sie längere Zeit nicht nach draußen kommen. In diesen Fällen ist eine tierärztliche Untersuchung des Urins ratsam. Hunde sollten niemals für ein Malheur bestraft werden, und dies gilt ganz besonders für ältere Hunde.

Oben: Ein älterer Hund wird ein kleines Schläfchen am warmen Feuer einem Winterspaziergang vorziehen.

Rechte Seite: Dieser Hund, der seinem Lebensabend entgegensieht, hat jeden Tag seines aktiven und geselligen Lebens mit seinen Besitzern genossen.

Wenn das Ende naht

Wenn Ihr Hund etwa das Alter von zehn Jahren erreicht hat, entspricht er einem Achtzigjährigen. Er wird langsamer auf Veränderungen reagieren und ganz zufrieden damit sein, die Welt einfach an sich vorbeiziehen zu lassen. Manche Hunde genießen ihre besten Stunden, wenn sie dem Ende nahe sind. Der Beginn einer abschließenden Verschlechterung kann durch neue Energie gekennzeichnet sein, die die Rückkehr zu guter Gesundheit vermuten lässt. Dieses letzte Aufblühen wird oft auch bei menschlichen Patienten beobachtet.

Es mag eine Zeit kommen, in der Ihr Hund gegen den Zahn der Zeit ankämpft, und Ihr Tierarzt wird Ihnen in dieser Situation mit professionellem Rat zur Seite stehen können. Sie werden sehr an Ihrem Hund hängen, und so wird die bloße Erwähnung von Euthanasie nicht leicht sein für Ihre Familie. Doch kann es ein Akt der Güte und Liebe sein, Ihrem Hund ein längeres Leiden zu ersparen. In diesem Fall ist es vielleicht klug, mit einem Verwandten zu reden, der Ihre emotionale Bindung an Ihren vierbeinigen Freund nicht teilt und der Ihnen vielleicht über den notwendigen Trauerprozess hinweghelfen kann. Es ist gut und richtig, um Ihren Hund zu trauern, aber es ist Teil eines sanften Heilungsprozesses, sich an bessere Zeiten zu erinnern, als bei der Trauer zu verweilen.

REGISTER

DANKSAGUNG DES AUTORS

Ich möchte Trevor Davis danken, dass er mich ermutigt hat, dieses Buch zu schreiben, und für seine wichtige Hilfestellung am Anfang. Mein Dank geht auch an Charlotte Macey, die mich mit einem engen Produktionsplan bei der Stange gehalten hat, sowie dem Design-Team, das so viele gute Bilder zusammengetragen hat, die meinen Text ergänzen. Schließlich danke ich ganz besonders allen Tierärzten, die mich unterstützt haben, sowie meinen Klienten, weil die Behandlung ihrer Hunde hilft, sowohl die Hundepsyche besser zu verstehen als auch die speziellen Bedürfnisse ihrer Besitzer.

BILDNACHWEIS

Alamy Aflo Foto Agency 4-5, AM Corporation 49, Arco Images 12, 81, 100, 125 above, 134 above, 137, blickwinkel 85, Bob Jackson 88, Bob Torrez 65, Celia Mannings 70, 71, David Hutt 42, f1 online 122, 129, Heather Watson 107, imagebroker 19, Isobel Flynn 45, Juniors Bildarchiv 60 below, 73 above, 87, 106 below, Khaled Kassem 141, Photo Network 145, Richard Robinson 30, Robert McGouey 64, Ron Hayes 130, Shout 153, Stock Connection Distribution 79, 89, tbkmedia.de 10, 37, 47 above, 69, Wildscape 90; Animal Photograph Sally Anne Thompson 91; Ardea John Daniels 138, 139, 140; Companyofanimals.co.uk 75; Corbis A Inden/zefa 58, Bloomimage 114, Dale C Spartas 67, DLILLC 103, 118 below, Dylan Ellis 47 below, Gabe Palmer/zefa 116, Herbert Spichtinger/zefa 59, Image Source 2, 48, ImageShop 98 below, Jim Craigmyle 60 above, Jose Luis Pelaez Inc 111, Larry Williams 35, LWA-Dann Tardif 40-1, Philip Harvey 16, Renee Lynn 50; FLPA David Hosking 106 above, Angela Hampton 34, 96, David Dalton 135, Foto Natura Stock 152 above, Gerard Lacz 56 above, Jake Eastham 11, Mark Raycroft 13, 14 above, 28 below, Mark Raycroft/Minden Pictures 52, 62, 142-3, 151, Stefanie Krause-Wieczorek 20, 57, 72; Getty Images Altrendo 76-7, altrendo nature 18, BFW/Neovision 92, Blue Line Pictures 144, Cal Crary 108, Christopher Furlong 22, David Sacks 32, Deborah Jaffe 36, Denis Felix 44, Donald Nausbaum 146, Elke Selzle 93, Ghislain & Marie David de Lossy 61, GK Hart/Vikki Hart 134 below, Gone Wild 115, Mark Raycroft 28 above, 29, Martin Rogers 14 below, Martin Ruegner 98 above, Michael Hall 101, Neo Vision 102, 132, Peter Dennen 154, Roderick Chen 78, Safia Fatimi 121, Sharon Montrose 39, Shinya Sasaki/Neovision 83, 147, Sylvain Grandadam 8-9, Terry Husebye 133, Tim Platt 136; istockphoto.com Barry Crossley 125, Hedda Gjerpen 109, Karen Massier 110, Nick Belton 128, Rosemarie Gearhart 149, Tuomas Elenius 118 above; Jetcare.co.uk 74; Jupiterimages Niclas Albinsson 120; Masterfile Alison Barnes Martin 33, 126 above, Burazin 123, Chad Johnston 24, Jerzyworks 68, Mark Tomalty 54-5, Rommel 127, Shannon Mendes 126 below, Steven Puetzer 86; Nature Picture Library Adriano Bacchella 150, Aflo 46, 94-5, Colin Seddon 26, 155, Wegner/ARCO 31, 56 below; NHPA Ernie James 152 below; Octopus Publishing Group 117, 124; Photolibrary.com Andreas Kindler 105, Botanica 43, ImageState 25, Juniors Bildarchiv 21, 66, 73 below, 97, Lori Adamski-Peek 38, Nonstock Inc 15, Ryan McVay 80, Tom Edwards 148; Punchstock 112-3; Robert Crook 131; RSPCA Photolibrary Angela Hampton 104; Science Photo Library Kenneth H Thomas 51; Shutterstock.com Andrzej Mielcarek 84, Devin Koob 7, Joanna Stachowiak 53, Lee O'Dell 23, Patrick McCall 82, Tim Elliott 17.

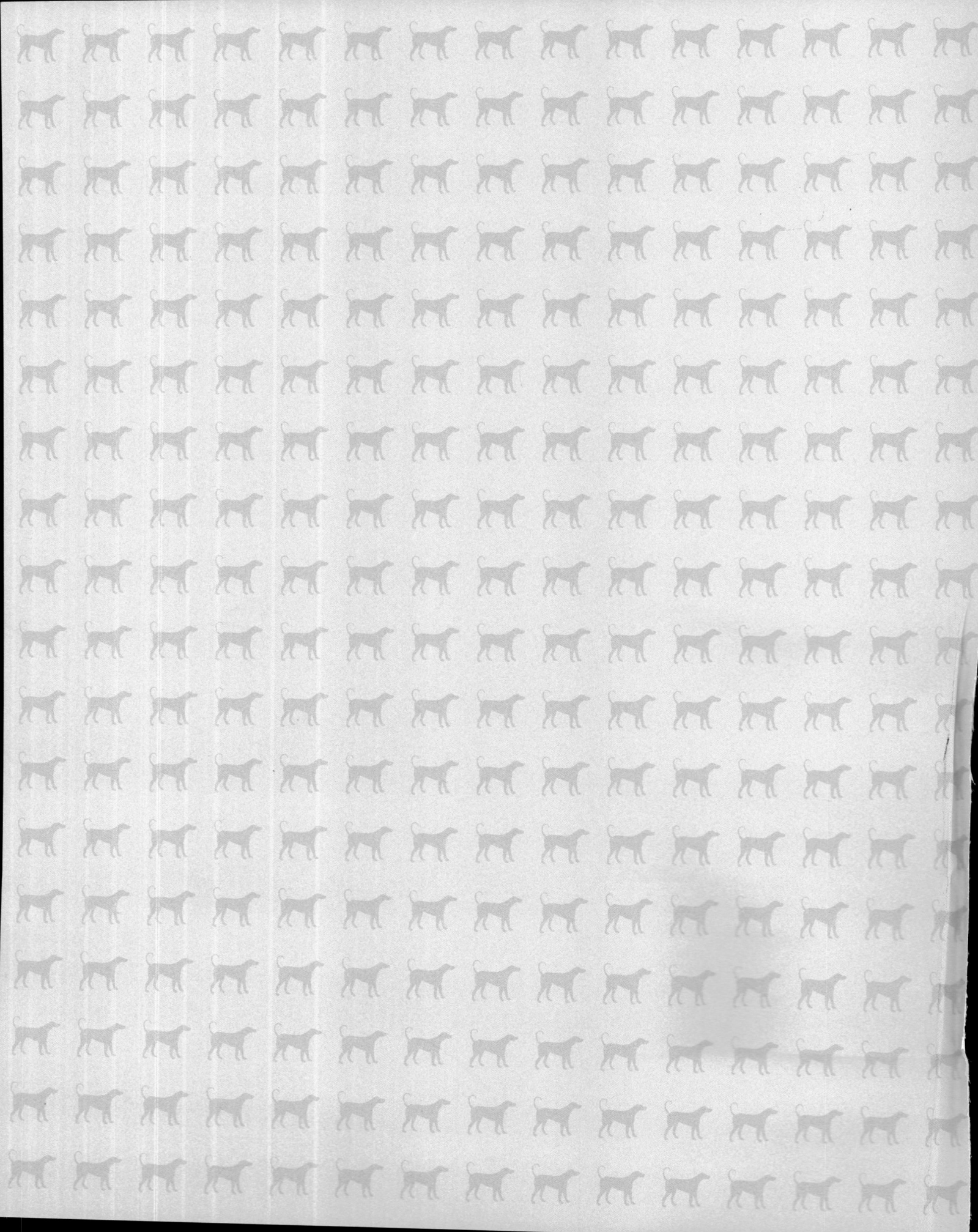